머리가 좋은 아이는
태아 때 결정된다

아기의 뇌를 쑥쑥 자라게 하는 50가지 지혜

머리가 좋은 아이는 태아 때 결정된다

노즈에 겐이치 / 이나가끼 다케시 지음

김이원 옮김

경성라인

머리말

　아기를 갖고자 하는 엄마가 먼저 생각하는 것은 '건강한 아이를 낳고 싶다' 는 것입니다. 그러나 최근에는 '머리 좋은 아이를 낳고 싶다' 든가 '어떻게 하면 머리 좋은 아이로 키울 수 있을까' 하는 질문을 종종 듣게 되었습니다.

　인간은 다른 동물에 비해 지구력이나 달리는 속도 등이 현저하게 떨어짐에도 불구하고, 발달된 대뇌의 지력(智力)만으로 이 세상을 지배해 왔습니다. 그러기에 모든 부모들의 '머리 좋은 아이를 낳아서 키우고 싶다' 는 욕구도 이해할 수 있습니다.

　뇌의 구조는 인간의 신체 중에서 가장 마지막까지 남아 있는 커다란 수수께끼였습니다. 그러나 최근 급속도로 진행되고 있는 대뇌생리학의 덕택으로, 이 수수께끼는 상당부분 판명되고 있습니다. 드디어 '뇌가 뇌를 이해한다' 는 경지에까지 이른 것입니다.

　이 책은 대뇌생리학이나 의학, 유전학, 동물행동학의 최근의 연구 성과를 근거로 '머리 좋은 아이를 낳아 키우려면 어떻게 하면

좋을지'에 대해 가능한 한 바른 지식을, 이제부터 부모가 될 여러 분들에게 전달하려는 의도에서 쓴 것입니다.

물론, 인간의 두뇌만이 독립적으로 존재하는 것은 아닙니다. 강한 체력과 풍부한 정서, 균형 잡힌 성격 위에 세워져야만 비로소 지식을 100% 발휘할 수 있습니다.

이 책에 기록된 조언들은 대부분 아기 뇌의 발육뿐만 아니라, 체력 만들기나 정서, 성격의 형성에도 도움이 됩니다. 이를 염두에 두고 읽어 주시면 감사하겠습니다.

머리가 좋은 아이는 태아 때 결정된다

2장 · 뱃속의 아기를 위해

3장 · 유아의 뇌는 쑥쑥 자란다

4장 · 7개월째부터는 이런 방법으로 하자

누구나 할 수 있다

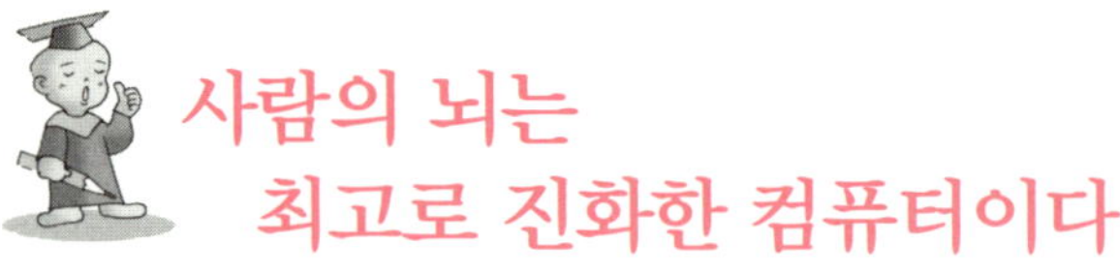

사람의 뇌는 최고로 진화한 컴퓨터이다

대뇌생리학에서 해명된 '사람의 뇌의 비밀'

총명한 아이로 키우기 위한, 기본적인 조건은 무엇일까요?

아기가 이 세상에 생명을 받는 순간, 즉 엄마의 자궁에 수정란이 착상하여 태아로서 성장을 시작한 순간부터 세 살이 될 때까지의 사이에 충분한 산소와 영양을 공급받는 것과, 뇌를 자라게 하는 적당한 자극이 가득 찬 풍부한 환경, 다시 말해 편안한 가정이 준비되어 있는가 하는 것입니다.

그 이유는 1장 이후에서 설명하겠지만, 그전에 우선 최신 대뇌생리학에서 해명되어진 '사람의 뇌의 비밀'을 알기 쉽게 간추려 설명해 보겠습니다.

사람의 뇌는 놀랄 만큼 컴퓨터와 비슷합니다. 그러므로 사람의 뇌는 현재 세상에 존재하는 어떠한 고성능 컴퓨터보다도 진화한 컴퓨터라 할 수 있겠습니다.

컴퓨터는 이진법으로 움직인다, 즉 0과 1의 조합으로 움직인다는 얘기를 들은 적이 있을 것입니다.

그렇습니다. 회로(전류가 흐르는 길=전선이나 프린트 배선)를 통해 전달되어 온 전류는 반도체 부분에서 그 전압이 어느 일정치 이상으로 높아지면 통과하고 낮으면 통과하지 않습니다.

즉, 컴퓨터 안에는 무수히 작은 스위치가 있다고 생각하면 되겠습니다. 전류를 통과하지 않은 상태는 0, 통과하는 상태가 1입니다.

이 0과 1만의 단순한 조합으로도 그 자릿수를 크게 하면 어떠한 큰 숫자라도 나타낼 수 있습니다. 그러므로 컴퓨터는 이 이진법으로 아무리 복잡한 계산이라도 해결해내고 있는 것인데, 그 점에서는 뇌도 동일한 구조입니다.

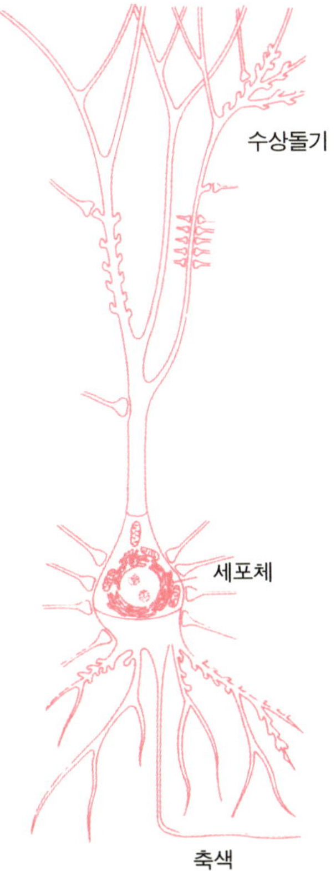

사람의 뇌에는 5억 개 정도의 신경세포가 있습니다. 그 신경세
포에서 뻗어 나온 신경섬유의 축색(軸索), 컴퓨터로 말하자면 회로,
배선에 해당하는 것의 말단이 팽창하여 다른 신경세포나 그 수상
돌기에 아주 작은 틈새(10만분의 2~3㎜)를 두고 있습니다.

이 접점을 시냅스라고 하는데, 이 시냅스가 컴퓨터로 말하면 반
도체에 해당하는 것입니다. 그리고 신경섬유를 따라 매우 약한 이
온전류가 흐르고 있는데, 이것도 컴퓨터로 말하자면 펄스 전류입
니다. 펄스 전류는 시간적으로 전압이 높아지거나 0이 되는 전류
로, 0이나 1의 신호를 전달하는 것입니다.

컴퓨터와 마찬가지로 뇌도 이진법으로 움직이고 있다

전압이 높아질 때 축색이 팽창된 선단에서 어떤 화학물질(신경 호
르몬)이 분비되고, 매우 좁은 틈새를 이동하여 수신처인 신경세포
나 그 수상돌기에 자극을 줍니다. 그 자극은 그 신경세포에 있는
신경섬유의 전압을 높입니다. 이러한 구조로 신호나 정보를 전달
하는 펄스 전류가 신경세포에서 신경세포로, 어지러울 정도로 전
달되는 것입니다.

이 경우, 시냅스는 전압의 강약을 전달하는 것이 아니라, 전압이
있는지 없는지만을 전달하는 것입니다.

즉, 0이나 1을 전달하는 것으로 컴퓨터의 반도체와 같습니다. 아

날로그가 아니라 디지털인 것이지요.

왜 이러한 구조로 되어 있는 것일까요.

만약 전압의 강약 정도(아날로그)로 정보를 전달하면, 수없이 시냅스에서 전달받는 동안에 조금씩 손상되어 점점 정확한 정보를 전달할 수 없게 되기 때문입니다.

그러한 점에서, 디지털(즉, 0인가 1인가, 전압이 있는지 없는지)이라면 애매함이 전혀 없기 때문에 마지막까지 바르게 전달할 수 있습니다.

이것은 컴퓨터의 원리와 완전히 일치합니다.

따라서 머리의 좋고 나쁨을 결정하는 것은 뇌의 배선의 복잡함과 '시냅스'의 수입니다.

머리의 좋고 나쁨을 결정하는 것은
뇌의 배선의 복잡함과 '시냅스' 수

5억 개의 신경세포가
각각 1,000~10,000개의 시냅스를 갖고 있다

컴퓨터는 회로가 복잡하고 반도체수가 많으면 많을수록 성능이 높지만, 사람의 경우는 신경세포에서 뻗어 나온 신경섬유의 얽힘이 복잡하고, 그 접점의 시냅스의 수가 많으면 많을수록 머리가 좋고 회전이 빠르다고 합니다.

사람은 신경세포의 하나하나로 사물을 생각하는 것이 아니라, 배선의 얽힘과 시냅스로 생각하는 것이라 할 수 있습니다.

하나의 신경세포가 가지고 있는 시냅스의 수는 1,000~10,000개에 가깝습니다. 5억 개의 신경세포 하나하나가 그만큼의 시냅스를 가지고 있다고 한다면, 분명 전체 시냅스의 수는 1조 개를 가볍게 넘을 것입니다.

1조 이상의 반도체를 사용한 컴퓨터는 아직 지구상에 존재하지 않습니다. 얼마나 사람의 뇌가 진화되고 거대한 컴퓨터인지 아시겠지요.

사람의 기억에는 매우 짧은 기억, 20초 정도밖에 기억할 수 없는 것과, 수 일이나 수 개월 이상 기억할 수 있는 장기의 기억이 있습니다.

사람이 어떻게 사물을 기억할 수 있는가 하는 것은 아직 알 수 없는 부분이 많지만, 20초 정도의 짧은 기억은 그 기억정보를 담은 신호전류가 뇌 속을 빙글빙글 돌고 있는 것은 아닌가 생각됩니다.

주변에 메모지가 없을 때, 방금 들은 전화번호를 기억해 두기 위해 입안에서 계속 번호의 숫자를 중얼거릴 것입니다. 그것도 신호를 반복함으로써 전류가 사라지지 않도록 하기 위한 것일지도 모릅니다.

이 단기기억을 담당하고 있는 것은 뇌의 측두엽에 있는 '해마'라는 기관입니다.

더 긴 기억은 다른 구조라고 생각됩니다. 시냅스에는 재미있는 성질이 있어, 같은 종류의 신호가 빈번하게 통과하면 그 신호가 통과하기 쉬워집니다.

이 성질이 비교적 긴 기억을 돕고 있는 것은 아닌가 하는 것입니다.

그럼 우리들이 일생 동안 기억하고 있는 기억, 예를 들면 우리나라 말 같은 것은 어떨까요. 이것은 필시 특정한 부분에 모인 무수한 시냅스의 네트워크에서 지탱하고 있는 것으로 생각됩니다.

그 증거로, 대뇌의 좌반구에 있는 언어영역(언어를 담당하는 부분)이 파괴되면 실어증이 걸리는 것입니다.

연상력이나 창조력도 뇌의 배선과 같다

지능의 가장 기본적인 부분인 기억에도, 시냅스가 깊이 관여하고 있다는 것을 알 수 있습니다.

그러나 기억력과 함께 연상력이나 창조력이 없다면 머리가 좋다고까지는 말할 수 없습니다.

기억력 그 자체도 연상력에 의지하고 있다는 것은 영어 단어의 암기 요령에서도 알 수 있습니다. 많은 단어를 가능한 한 서로 관련지어서 기억하면 잊지 않을 것입니다.

또한 창조력은 일견, 관계없이 보일 수 있는 것들을 연결지어 생각하도록 하는 것이 요령이라 할 수 있습니다.

자동차 왕 포드는 시카고의 식육처리장을 보고 자동차의 벨트 컨베이어에 의한 어셈블리 시스템(대량 생산 방식)을 생각해냈다고 합니다.

식육처리장에서는 처리된 소가 많은 사람의 손에서 점점 세밀하게 해체되어 갑니다.

포드는 이것을 보고 이 해체의 흐름을 반대로 이용한다면 어떨까 하고 생각해낸 것입니다.

연상력이나 창조력도 신경세포 간의 정보의 교환이 긴밀하고, 또 빈번하게 이루어지기 시작할 때 만들어지는 것입니다.

즉, 대뇌의 배선이 복잡하게 얽히고 시냅스의 수가 많으면 많을수록 머리가 좋다는 것입니다.

　그러나 이 배선의 복잡함과 시냅스의 수는 개인에 따라 매우 차이가 있습니다.

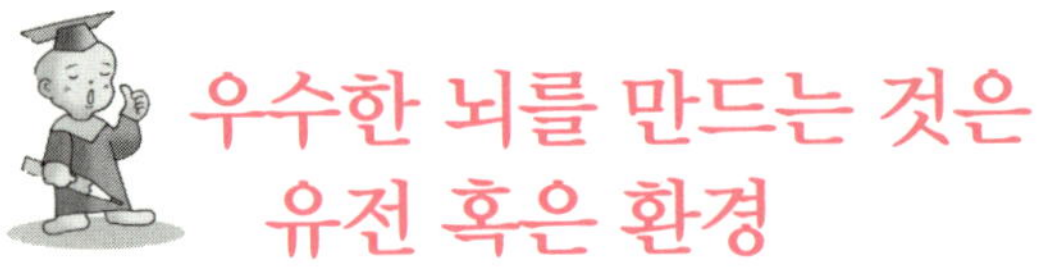

대뇌의 조립은 3세까지 70%가 완성된다

대뇌 배선의 복잡함이나 시냅스의 양, 즉 좋은 머리를 결정하는 하나의 요소는 유전입니다. 배선이나 시냅스의 기본적 설계도는 양친으로부터 이어받습니다.

그러나 이 기본적인 설계도 위에 새롭게 배선이나 시냅스를 더하는 것은 태어난 이후의 환경입니다. 뇌의 배선이나 시냅스는 자극에 의해 증가된다는 것이 확실시되고 있습니다.

태어난 직후의 아기는 살아가기에 최저한으로 필요한 뇌의 배선이나 시냅스밖에 가지고 있지 않습니다.

지능을 만드는 대뇌피질의 배선과 시냅스를 만들어 가는 것은 태어난 후의 일이지요.

그리고 뇌의 배선과 시냅스의 70%는 3살 정도에 만들어집니다. 6~7살까지 90%, 그리고 12살 정도에 일단 완성되는 것이지요. 그 후에는 20살 정도까지 조금씩 늘어나 100%가 된다고 생각됩니다.

그러므로 중요한 것은 갓난아기에서 유아가 되기까지와, 유치원에서 초등학교에 들어간 직후입니다. 그런 의미에서는 학교 교육보다도 중요한 것이겠지요.

어떤 학자는 '머리 좋은 아기가 되기 위해서는 좋은 엄마와 좋은 유치원이 필요하다'고 할 정도입니다.

이 말을 잊지 마십시오.

머리의 좋고 나쁨은
유전에 의해 어느 정도까지 결정되는 것인가

좋은 머리가 어느 정도 유전에 의해 정해지는 것인가, 혹은 태어난 이후의 환경, 예를 들어 가정의 상황 등에 의한 것인가는 오랫동안 학자들의 논쟁의 씨앗이었습니다.

그러나 미국에서 눈부신 진보를 이룬 '계량유전학'에 의하면, 지능의 60% 정도는 유전에 의해 결정된다고 합니다.

지능과 유전의 관계를 조사하는 하나의 수단은 쌍둥이를 연구하는 것입니다.

쌍둥이에는 일란성과 이란성의 두 가지 종류가 있습니다.

일란성은 수정된 하나의 난자가 세포 분열하여 태아가 되어갈 때에 약간의 실수로 2명의 태아가 되어 버린 것으로, 본래대로라면 1명이 되어야 할 것이 2명이 되는 것이기에 유전자의 조합은 완전히 일치합니다.

이란성의 경우에는 별개로 수정된 2개의 난자가 모두 자궁에 착상하여 자란 것으로, 유전자의 조합은 보통의 형제인 경우와 동일

한 정도로 다릅니다.

만약 지능이 100% 유전으로 정해진다면, 일란성 쌍둥이를 완전히 다른 환경에서 키워도 2명 모두 완전히 같은 지능을 가질 것입니다.

그러나 실제로 어릴 때부터 다른 가정에서 자라난 일란성 쌍둥이를 조사해 보면, 지능지수에서 평균 6.0이 다르고, 비슷한 정도(상관계수)는 함께 자란 쌍둥이가 92라면, 다른 가정에서 자란 쌍둥이는 87로 낮아집니다.

그럼 지능이 100% 자라난 환경에 따른 것이라 가정한다면 어떨까요. 만일 그렇다면 쌍둥이는 형제자매보다도 훨씬 동일한 환경에서 자란다고 생각할 수 있을 것이므로, 유전자의 조합이 다른 이란성 쌍둥이의 경우에도 같은 지능을 가질 것입니다.

그렇지만 실제의 연구 데이터에 의하면, 같은 가정에서 자란 이란성 쌍둥이라도 지능지수는 평균 8.5 달랐습니다. 다른 가정에서 자라난 일란성 쌍둥이의 평균인 6.0보다도 차이가 컸습니다.

또한 같은 가정에서 즉 같은 환경에서 자란 쌍둥이인 경우, 일란성에서는 지능이 평균 92% 비슷하지만, 이란성에서는 55% 정도밖에 비슷하지 않습니다.

이것도 지능에 대한 유전의 영향이 강하다는 것의 증거가 될 것입니다.

유전자가 결정하는 것은 어디까지나 가능성에 지나지 않다

이렇게, 아이의 지능에 대한 부모의 유전의 영향은 강한 것이지만, 여기에서 주의할 것은 유전자가 결정되는 것은 어디까지나 그만큼 지능이 높아질 가능성이 있다는 것에 지나지 않다는 것입니다.

아무리 부모에게서 우수한 유전자, 즉 머리가 좋아질 가능성이 있다 하여도, 환경이 나쁘거나 본인이 노력하지 않으면, 지능은 순조롭게 자라나지 않습니다.

미혼의 아가씨들 사이에서 '나는 일류대 출신이 아니면 안 돼' 하는 사람이 많습니다.

그러나 학력만으로 좋은 머리라 하기보다 아이에게 물려줄 수 있는 지능 유전자의 우수함을 측정하는 것이 급선무입니다.

유전자로 이어받은 높은 지능을 한계점까지 사용한 사람과, 여유를 가지고 사용한 사람을 같은 선에 세우는 것은 불가능합니다.

교육적인 엄마에게 어릴 때부터 휘둘려 겨우 일류대학에 들어간 사람과, 시골의 고등학교에서 스포츠도 즐기면서 일류대학에 여유 있게 들어간 사람 중에서 어디가 우수한 유전자를 가지고 있는지는 알 수 있겠지요.

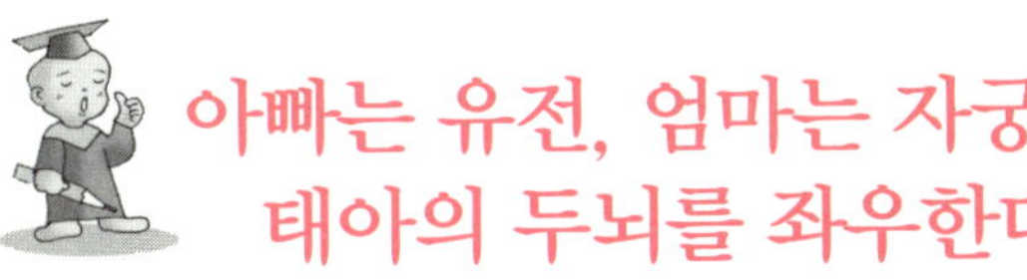

아빠는 유전, 엄마는 자궁에서 태아의 두뇌를 좌우한다

유전적인 지능의 높이보다 엄마의 건강과 체력이 중요하다

아기 뇌의 발육은 뱃속에 있을 때에는 엄마의 건강 상태(아기에게 산소나 영양을 충분히 보내주는지)에 영향을 받는 경우가 많고, 태어난 후에는 환경, 즉 뇌의 배선 만들기를 촉진하는 자극이 많은 가정인가 아닌가로 결정되는 부분이 큽니다.

그렇다면 유전은 그다지 영향이 없다고 할 수 있겠지만 아기 자신의 배선이나 시냅스 만들기의 능력과 관련되므로 의외로 문제가 복잡합니다.

단, 지능의 유전에는 '평균화의 원칙' 이라는 것이 있어, 매우 높은 지능의 양친에게서 태어난 아이는 보통 양친보다 낮은 지능이 됩니다.

반대로 그다지 지능이 높지 않은 양친에게서 태어난 아이는 부모보다 높은 지능이 되는 경우가 많습니다.

여기에서, 아이의 지능에 미치는 부모의 영향을 생각해 봅시다.

아버지가 되는 남성에게 있어서는, 아기가 태어나 가정교육에 참가할 수 있을 때까지는 아기의 지능에 영향을 주는 것은 유전자밖에 없습니다.

무엇보다 부인이 임신 중에 화를 잘 내고 마구 화풀이를 하는, 성급하고 제멋대로인 성격이라면, 유전보다 그것이 더 문제입니다. 임신 중 엄마의 스트레스는 뱃속의 아기에게 반드시 나쁜 영향을 미치기 때문입니다.

어머니가 되는 여성의 경우에는, 건강한 체력이 있고 아기를 낳기에 충분히 튼튼하고 큰 허리-골반을 가지고 있는지 없는지가 유전적인 지능의 높이보다 훨씬 태어날 아이의 지능에 크게 영향을 줍니다.

또한 태어난 후에는 히스테리성이 아닌가, 감정이나 정서가 안정되어 있는가가 아기 지능의 발육에 큰 영향이 있습니다.

젊은 아가씨는 흔히 모델처럼 마른 미인이 되고 싶어 하지만, 그녀들의 생각과는 달리, 보통 젊은 남성은 지능이 매우 뛰어나거나 미인이거나 하는 기준으로 결혼 상대를 고르는 것은 결코 아닙니다.

반대로 골반이 튼튼한, 그리고 감정이 안정된, 심지가 곧은 안정 출산형의 여성, 말하자면 '건강미인'을 선택하는 것이 사실입니다. 남성도 본능적으로 자연의 이치를 알기 때문이지요.

육체미를 추구한 고대 그리스인이 여성미의 이상으로 창조한 미로의 비너스를 보십시오.

현대의 수준에서 보면 제법 뚱뚱합니다.

1장

임신을 준비할 때

1 샐러드만 먹으면
　　머리 좋은 아기를 낳을 수 없다

아기의 뇌를 만드는 재료는 엄마의 몸속 단백질이다

최근 '거식증' 으로 대표되는 섭식(攝食)장애인이 늘고 있습니다.

특히 젊은 여성에게 많은데, 몸매를 좋게 하기 위해서 거의 샐러드 정도밖에 먹지 않습니다. 마치 파리 컬렉션에서 활약하는 톱모델처럼 날씬해지고 싶다고 생각하는 것이지만, 실제로는 아우슈비츠에 잡혀온 사람처럼 말라 부실해져 있습니다. 신장 150㎝에 체중이 30kg밖에 되지 않는 예도 드문 일이 아닙니다.

이렇게 되면 위장의 소화능력이 원래대로 돌아오지 않게 될 뿐만 아니라, 뇌 속의 식욕중추도 파괴되어 치료도 매우 어려워집니다.

아이의 좋은 머리를 결정하는 것은 60% 정도는 유전이라고 말할 수 있습니다.

이것은 미국에서 많은 아이들의 지능과 부모의 지능의 관계를 조사하여 이끌어낸 결론입니다.

그럼 나머지 40%는 태어난 후의 환경이 결정하는 것일까요.

아닙니다. 그뿐만이 아닙니다.

아기가 엄마의 뱃속에 있을 때에 어떤 상태였는지에 따라 결정적인 차이가 나는 것입니다.

아버지가 아이의 두뇌에 주는 영향은 태어날 때까지는 유전뿐입니다.

이것은 엄마의 자궁 속에서(정확히 말하면, 난관 안에서) 엄마의 아기집에서 나온 난자와 합체한 정자가 가지고 있는 유전자일 뿐입니다.

그러나 엄마에게는 난자의 유전자의 영향뿐만 아니라, 10개월 10일이라는 긴 시간 동안 뱃속에서 아기를 지켜 키워낸다는 중요한 역할이 있습니다.

사람의 뇌세포는 140여 억 개가 있습니다.

그중 컴퓨터에서 말하면 반도체나 트랜지스터에 해당하는 신경세포가 4억에서 5억 개이고, 나머지는 신경세포에 산소나 영향을 전달해 주는, 전선에 해당하는 축색의 절연의 역할을 하는 글리어 세포입니다.

그리고 이 가장 중요한 신경세포는 임신 후 9개월, 즉 아기가 태어나기 1개월 전에 대부분 완성되어 버립니다.

신경세포를 만드는 재료는 단백질입니다.

이 단백질은 엄마의 몸으로부터 섭취할 수밖에 없습니다.

만약 이 중요한 시기에 엄마가 아기에게 충분한 단백질을 공급해 줄 수 없다면 어떻게 될까요.

아기의 뇌세포는 정상적으로 발육하지 못하거나, 수가 적어집니다.

임신에 대비하여 단백질을 저장해 두어야 한다

임신 초기 1개월 정도는 보통의 경우, 입덧으로 식욕부진이 되는 경우가 많습니다.

엄마 자신이 영양을 취하기 어려워지는 것인데, 아기는 점점 성장하지 않으면 안 되기 때문에 엄마의 몸속에 저장되어 있는 단백질 등의 영양분을 억지로 취해 버립니다.

그러나 엄마 몸속에 영양분의 저장이 적으면 어떻게 될까요.

저장된 영양분은 곧 바닥을 보이고 뱃속 아기의 발육에 바로 영향을 줍니다.

여성의 몸은 임신－출산이라는 큰 역할을 대비하기 위한 '영양 탱크' 와 같은 것입니다.

그러므로 여성은 누구나 어른이 되면 몸에 살이 오르고 단백질이나 지방이 가득 찬 몸 상태가 되는 것입니다.

몸매를 너무 걱정하여 샐러드만 먹는 것은 머리 좋은 아이, 건강한 아이를 낳는 것을 스스로 거부하는 것입니다.

샐러드에는 비타민이나 철분은 있지만 단백질은 없습니다. 샐러드를 먹는다면 적어도 삶은 계란이나 치킨 같은 단백질을 추가로 먹어야 하겠지요.

비만의 원인은 밥이나 단 것 등 당질의 과다섭취에서 일어나는 것입니다.

단백질은 아주 많이 섭취하지 않는 한 비만의 원인은 아닙니다.

2 머리 좋은 아이를 원한다면 거들은 안 된다

골반을 압박하면 출산 시에 아기의 뇌를 손상시킨다

머리 좋은 아이를 낳을 수 있는지 없는지는 임신 중 엄마의 몸의 상태로도 알 수 있지만 또 하나, 아기가 태어날 때 엄마의 골반이 충분히 벌어지는지 아닌지도 중요한 포인트가 됩니다.

사람이 동물 중에서도 가장 지능이 높은 것은 이미 아시는 바와 같습니다. 그러기에 태어나는 아기도 원숭이 등에 비하여 머리가 매우 큽니다. 어깨 폭보다도 머리 둘레가 클 정도입니다.

이렇게 큰 머리를 가진 아기가 좁은 산도를 지나 태어나는 것이므로 상당히 어려운 일이라 하겠습니다. 곧바로 나오지 못하기에 산도 안에서 몸을 비틀면서 겨우겨우 빠져나오는 것이지요.

만약 이때 엄마의 골반이 좁으면, 아기의 뇌에 산소를 공급하고 있는 탯줄이 비틀리거나 압박되어 아기의 뇌가 산소결핍 상태가 되거나, 또는 뇌 자체가 압박되어 혈액의 순환이 방해되는 상태가 길어지거나 합니다.

이런 상태가 오래 계속되면 뇌의 세포도 손상되어 버립니다. 그렇지 않다 하여도 아기의 뇌에 미세한 상처가 생기고, 그것이 원인이 되어 후에 여러 가지 지능장애를 일으키는 일이 최근의 연구에서 확인되고 있습니다.

　여성의 골반은 아기를 낳기 위해 남성의 골반보다도 옆으로 넓은데, 최근에는 허리를 가늘게 보이게 하려고 중학생 때부터 거들로 허리를 누르는 아이들도 있다고 들었습니다.

　이것은 절대 안 될 일입니다. 한창 자라는 중에 거들로 허리를 죄이면 골반은 정상적으로 발달하지 않습니다. 이는 일부러 난산의 고통을 맛보려거나 혹은 정상적인 지능의 아이를 낳고 싶지 않다는 얘기입니다.

제왕절개가 머리 좋은 아이를 만든다는 속성은 큰 오해다

　엄마의 골반이 너무 좁거나 난산이 예상될 때, 의사는 제왕절개라는 수단을 취합니다.

　예전에는 이 제왕절개가 남용되는 예가 적지않았습니다.

　제왕절개는 세간에 잘 알려져 있는 대로 두 번밖에 할 수 없는 것은 아니지만, 어쩔 수 없을 때에만 하는 것이 좋습니다. 제왕절개 역시 비정상적인 출산으로, 결코 장애가 없을 리 없기 때문입니다.

　제왕절개로 태어난 아기는 가사 상태에서 태어나는 경우가 많습니다. 건강한 울음소리도 내지 않고, 좀처럼 호흡을 시작하지 않는 경우도 있습니다.

　좁은 산도를 통과하지 않아도 되므로 아기의 머리가 압박되지

않기 때문에 제왕절개를 하는 것이 머리 좋은 아기를 낳을 수 있다
는 속설이었지만 잘못 알려진 사실입니다.

자연적인 것은 훌륭한 것으로, 아기가 좁고 굽은 산도를 통과해 나오는 덕분에 들이마시고 있던 양수를 내뿜고, 또 압박되고 있던 가슴이 산도를 나오는 순간 갑자기 넓어지기 때문에 공기가 한꺼 번에 흘러 들어가, 이 자극으로 새로운 세계에서의 호흡을 시작하 는 것입니다.

그러나 제왕절개로 꺼내어진 아기는 그러한 자극이 전혀 없기에 호흡을 좀처럼 시작하지 않습니다.

그리고 엄마와 태반으로 연결되어 있는 탯줄로부터의 산소공급 은 급속히 감소되므로, 가사 상태가 너무 오래 지속되면, 아기의 뇌는 산소가 부족해져 세포가 죽어 버립니다.

능숙하지 못하면 죽을 수도 있고, 살면서도 무거운 지능장애를 일으킵니다.

이미 아시는 바와 같이 정상적인 출산보다 더 좋은 것은 없습니 다. 몸매를 너무 걱정하여 거들 등으로 허리를 죄이고 있으면 골반 의 정상적인 발달이 손상되어 산도가 좁아지고 정상적인 출산이 어려워지는 것입니다.

5개월부터 차는 복대는 의학적인 효과가 없다

젊은 임산부로부터 '엄마가 복대를 하라고 하는데 배를 너무 눌 러 아기가 괴로운 것은 아닌지' 라는 상담을 가끔 받습니다.

이 ‘복대’ 라는 단어는 들어보신 적이 있으리라 생각됩니다만, 임신 5개월째부터 차는 것으로 예전부터 행해져온 것입니다.

예전에는 복대를 하고 난 후에는 절대로 중절을 할 수 없으며 아이를 키울 의무가 있는 매우 엄숙한 행사로써 현대까지 계속된 것입니다.

‘복대’ 라 해도 단단하게 배에 감는 것이 아니라 표백한 목면을 가볍게 감을 뿐이므로, 거들과는 달라 골반을 눌러 아프게 하는 걱정은 전혀 없습니다.

물론, 혈액순환을 방해하여 태아에게 악영향을 주는 것도 아닙니다.

그렇다면 역시 할머니들의 지혜에 따라 복대를 차는 것이 좋을까요. 무언가 효과가 있기에 계속되어 온 것임에 틀림없다고 생각하실 것입니다.

그러나 유감스럽게도 의학적으로는 전혀 의미가 없는 습관에 지나지 않습니다.

청결한 목면으로 가볍게 복부를 지탱하는 것이므로 보온과 태아의 고정이 가능한 것은 아니냐고 묻는 사람도 있습니다.

태아는 자궁 속에서 양수로 보호되어 있습니다. 데굴데굴 구르거나 시간이 갈수록 내려가거나 할 걱정은 없습니다. 따라서 밖에서 고정할 필요도 없겠지요.

보온이라는 점에서도 따뜻한 양수는 아기에게 있어 최고의 이불로 이 이상의 쾌적한 온도는 없을 것입니다.

효과를 생각하면 이런 복대는 필요가 없는 것이라 할 수 있습니다.

최근 대용품으로 사용되는 신축성 있는 임신용 복대도 같은 것입니다. 하지 않으면 안 되는 성질의 것은 아닙니다.

현재 미국 등에서는 복대의 관습은 없습니다.

말하자면 설날의 떡국 같은 것으로 생각됩니다. 없어도 전혀 지장 없지만 새롭게 마음을 다잡아 가족끼리 모여 임신을 축하하자는 것이겠지요.

3 단련된 남편의 육체야말로 지능이 높은 아이를 낳는 원천이다

일류대 졸업자만이
높은 지능의 유전자를 갖고 있는 것은 아니다

아이 지능의 60%는 부모의 유전자로 결정된다는 미국의 계량유전학자의 학설을 소개하였습니다.

그렇다면 머리 좋은 아이를 낳기 위해서는 지능이 높은 남성을 장래 아이의 아빠로 선택해야만 할까요?

지능이란 문제는 오랫동안 세계의 모든 학자를 고민하게 해왔습니다.

머리의 구조, 뇌 안의 배선이 결정하는 것일까요.

확실히 그들도 많은 관계가 있습니다. 그러나 아무리 두뇌의 성능이 좋아도 성격적으로 집중력이 없으면 결과적으로 높은 지능을 발휘하여 어려운 입학시험에 합격하거나 훌륭한 일을 성취하는 것이 불가능합니다.

그리고 그러한 성격도 어느 정도 유전일 것이라는 것이 최근의 연구에서 밝혀졌습니다. 성격이란 결국, 호르몬의 균형이므로 체질이 만들어내는 것입니다. 그리고 체질은 당뇨병이 되기 쉬운 체질이나 심장병이 되기 쉬운 체질에서 대머리까지 유전됩니다. 이

들은 마이너스의 체질이지만 이것이 유전된다면 플러스의 체질도 유전될 것입니다. 더욱 더 결혼상대의 선택이 중요해집니다.

그렇다면 알기 쉽게 말해서, 일류대학을 나와 대기업에 근무하고 있는 남성을 선택하면 좋을까요.

그것도 하나의 기준은 됩니다. 누가 뭐라 해도 그들은 경쟁이 심한 입학시험을 돌파했고 레벨이 높은 수업에서도 뒤쳐지지 않았으며, 좋은 성적으로 졸업하였으므로 머리의 구조도 좋고 집중력도 있는, 소위 은행의 보증수표와 같은 사람으로, 머리가 좋다는 점만을 보면 빗맞을 리가 없습니다.

그러나 그러한 상태를 원하는 사람이 너무도 많아, 미혼여성에게도 경쟁상대가 많고, 아무리 결혼하고 싶다고 해도 상대방에게 그럴 생각이 없다면 어쩔 수 없는 것입니다.

그렇다고 비관할 것은 조금도 없습니다. 세상에는 보증수표의 남성이 아니라도 높은 지능의 유전자를 가진 남성은 많이 있습니다.

생리학적으로도 증명된 스포츠맨의 아이

학교의 성적이나 학력은 지능의 높이에 대한 하나의 평가에 지나지 않습니다. 지능은 복잡한 요소가 결합된 '총합체'이며 지능테스트만으로 측정할 수 있는 것이 아닙니다.

최근의 연구에서는 지능이 높은, 즉 머리가 좋다는 것은 정신활동이 활발한 것, 어렵게 말하면 주위의 환경 변화에 빠르게 적응할 수 있는 능력이 높다는 것으로 되고 있습니다.

이렇게 생각하면, 특별히 일류대학을 나오지 않아도, 혹은 대학 자체를 나오지 않아도 주변의 상황을 보고 재빠르고 정확하게 판단을 내릴 수 있는 남성이 머리가 좋다고 말할 수 있지 않을까요.

예를 들어, 축구나 럭비와 같은 팀플레이에서는 머리가 좋지 않으면 좋은 선수가 될 수 없다고 합니다.

시시각각 변하는 상대팀 선수의 위치, 우리 팀 선수의 위치를 보고 볼을 유리한 위치에 패스하거나, 혹은 패스를 받지 않으면 안 됩니다. 그러한 의미에서 세계의 유명선수는 체력도 훌륭하지만 분명히 지능도 높을 것으로 생각됩니다.

머리가 좋다는 사실은 체력에 지탱되고 있는 부분이 많습니다. 그것은 생리학적으로도 증명되어 있습니다.

머리가 좋은 것은 뇌의 정신세포의 배선만으로 결정되는 것은 아니고, 거기에 전류가 강하게 흐르고 있는지 어떤지, 즉 활발하게 신경세포가 움직이고 있는지 어떤지로 크게 좌우됩니다.

활발하게 움직이게 하기 위해서는 산소를 충분히 보급할 필요가 있습니다.

뇌에 산소를 공급하는 것은 혈액입니다. 성인 기준으로 뇌의 무게는 몸 전체의 2%에 불과함에도 혈액 전체의 20%가 흐르고 있는 것입니다.

피의 흐름을 좋게 하기 위해서는 심장이 튼튼하고 폐활량도 커야만 합니다. 공부만 한 공부벌레는 안 됩니다.

스포츠로 단련된 아빠의 체력이 아이의 지능을 높입니다.

이는 격한 스포츠에 견딜 수 있는 아빠의 체질이 아이에게도 유전되기 때문입니다.

4 우수한 아이를 원한다면 동향의 친분보다 이향(異鄕)의 남성을 택하라

가능하면 멀리 떨어진 지방 출신의 남성을 선택하라

예로부터 '근친결혼은 피하는 것이 좋다' 라고 했습니다.

그것은 선천적인 장애를 가지기 쉬운 경향이 있기 때문입니다.

같은 조합의 유전자를 가진 남녀가 아이를 만들면, 멘델의 유전의 법칙으로 열성유전자 즉, 하나뿐이라면 겉으로 나오지 않을 유전자형질을 가진 유전자가 한 쌍으로 조합되어 버립니다.

그것이 나쁜 유전자라면 나쁜 형질이 겉으로 나타나는 경우가 많습니다.

근친결혼으로 나타나기 쉬운 열성유전병은, 나쁜 유전자가 하나뿐일 때에 발병하는 우선유전병에 비하여 훨씬 나쁜 것이 많습니다.

그렇기에 근친결혼뿐만 아니라 가능하면 자신과 같은 지방 출신의 남성은 멀리 하는 것이 현명합니다.

예전에는 교통이 발달되지 않았기 때문에 결혼은 같은 마을 안이나, 기껏해야 옆 마을끼리 하는 것이 대부분이었습니다.

통혼권이 극단적으로 좁은 시대가 계속되어 같은 지방의 사람들은 같은 조합의 유전자를 가지고 있는 경우가 많았습니다.

그렇기에, 가능한 한 멀리 떨어진 지방 출신의 배우자를 고르는 것이 태어날 아이가 선천성 장애가 될 위험이 적고, 반대로 새로운 유전자 조합에 의해 우수하고 머리가 좋은 아이가 태어날 가능성이 큰 것입니다.

같은 지방 출신은 말이나 풍습이 같아 서로 이해하기 쉽기는 하지만, 멀리 떨어진 지방 출신자와 결혼하여 자신이 모르던 풍습 등을 접하는 것도 즐겁지 않을까요.

그러한 의미에서 국제결혼도 괜찮다고 생각합니다.

같은 아시아인끼리라도 예를 들어 중국인과의 혼혈은 몸도 건강하고 지능도 뛰어나다고 합니다.

지적인 여성은 그 정도의 진취적인 생각과 적극성이 필요한 것입니다.

너무 가까우면 선천성 장애아를 낳을 확률이 높아진다

실제로, 근친결혼에서는 선천성 장애아가 태어나기 쉽다는 것을 나타내는 통계가 있습니다.

예를 들어, 태어날 때부터 농아를 낳은 확률이 보통은 아기 1만 명 중 1명 정도의 비율임에 비해서, 사촌끼리의 결혼에서는 1,500만 명 중 1명으로 6배 이상이 됩니다.

그 밖의 열성유전병은 다음과 같습니다.

▶ 유년성 흑내장성 백치(어릴 때부터 눈이 나빠 실명하거나 지적 장애가
　됨) 36.6배

▶ 백자(전신의 피부나 눈동자의 색소가 극단적으로 적음) 14.5배

▶ 선천성 전색맹(색의 구별이 전혀 불가능함) 10.4배

왜 근친결혼에서는 선천성 장애가 이렇게 많아지는 것일까요.

그 구조를 설명해 보겠습니다.

지금 어떤 종류의 선천성 장애를 일으키는 유전자가 있고 그것
이 열성이라고 합시다.

임시로 ●로 나타내겠습니다.

그 장애를 억제하는 정상적인 유전자를 ○로 합니다.

유전자는 쌍이 된 염색체 안에 하나씩 있을 것이므로, 다음의 3
개와 같은 조합이 가능합니다.

○○ 완전히 정상.

○● 장애를 일으키는 유전자는 가지고 있지만 장애는 발견되지
않습니다. 이를 보인자라 합니다.

●● 장애를 일으키는 유전자가 2개 있기 때문에 장애가 발견됩
니다.

그러면 어떤 조합의 유전자를 가지고 있는지에 따라 아이에게
어떻게 전달되는지를 그림에서 보겠습니다.

한편, 유전자는 정자나 난자에 들어 있을 때에는 하나씩으로 나
누어집니다.

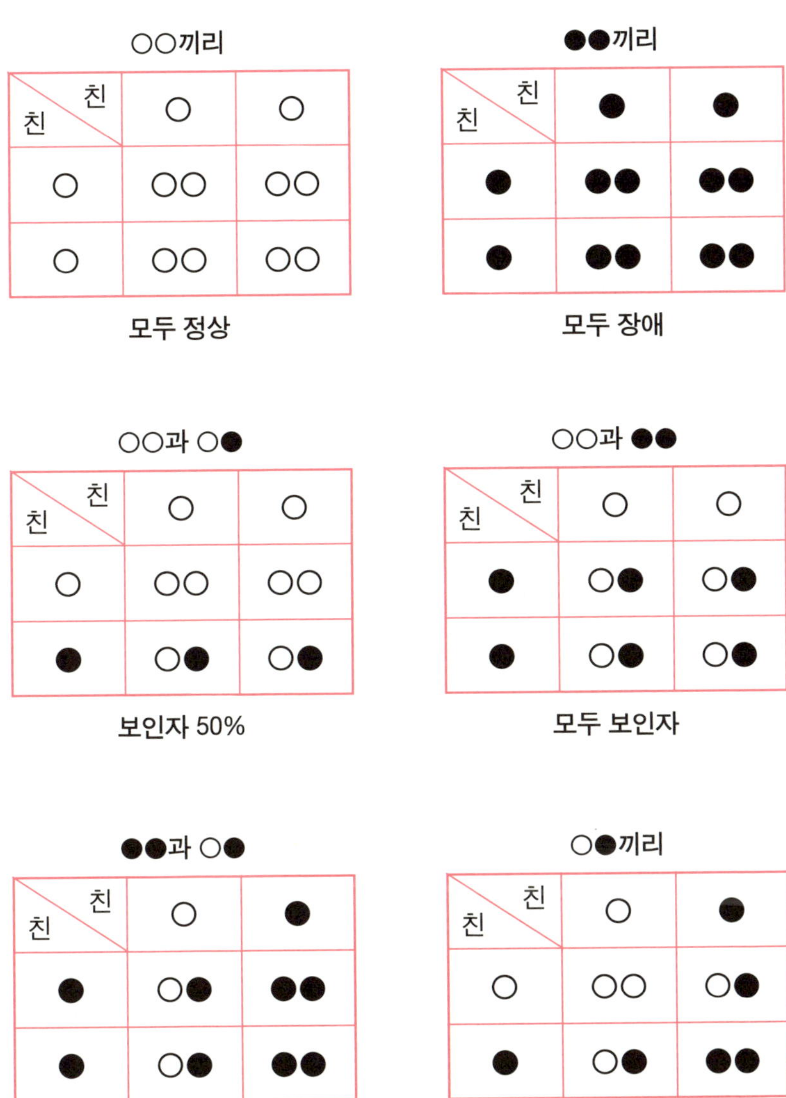

〈주〉 어디까지나 확률입니다. 반드시 그런 것은 아닙니다.

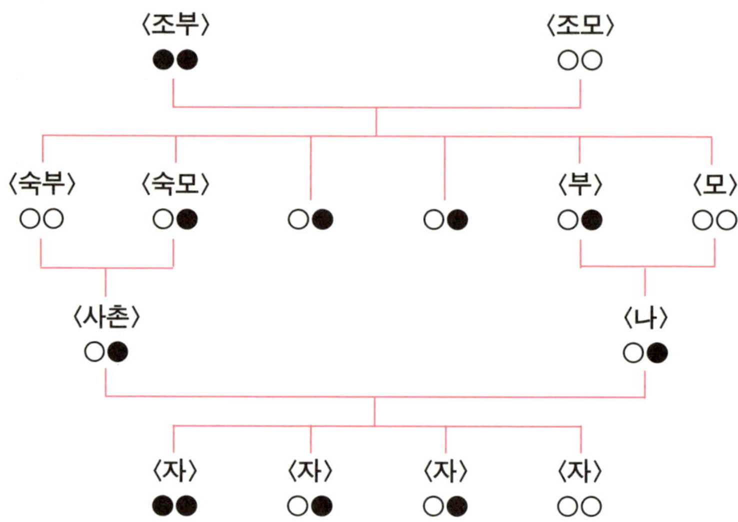

〈근친결혼의 일례〉
〈조부〉
〈조모〉
〈숙부〉
〈숙모〉
〈부〉
〈모〉
〈사촌〉
〈나〉
〈자〉
〈자〉
〈자〉
〈자〉

아빠와 엄마의 시골은 떨어져 있네요

5 20세 전의 출산보다 30세 전후의 출산이 바람직하다

35세를 넘으면 장애아를 낳을 확률이 높아진다

일반적으로 고연령 출산 즉, 35세 이상의 여성은 출산을 피해야 한다고 합니다. 이것은 선천성 장애나 유산이 늘기 때문입니다.

그 원인의 하나는 출산에 의한 장애나 유전에 따른 장애가 아니라, 나이를 먹어 오래 된 난자에서 생긴 세포가 분열해 갈 때에 염색체에 장애가 일어나기 쉽기 때문입니다.

초산이나 두 번째, 세 번째의 출산과는 상관없이 연령이 높아질수록 일어나기 쉽습니다.

다음의 50쪽 표는 지적장애 등이 되기 쉬운 다운증후군의 발생률과 엄마의 연령의 관계를 정리한 것입니다.

연령이 높아짐에 따라 점점 늘어가는 것을 알 수 있습니다. 그러나 발생률이 두드러지게 상승하는 것은 35세를 넘어서부터입니다. 또한 만약 초산이라면 그것도 35세를 넘어서부터는 자궁이나 질(아기가 태어나는 산도가 됩니다.)이 단단해져 진통도 약하여 난산이 될 위험도 증가합니다.

아이를 낳는다면 35세까지 다 낳는 것이 최선입니다.

젊은 엄마도 좋지만, 어른인 엄마도 좋아요!

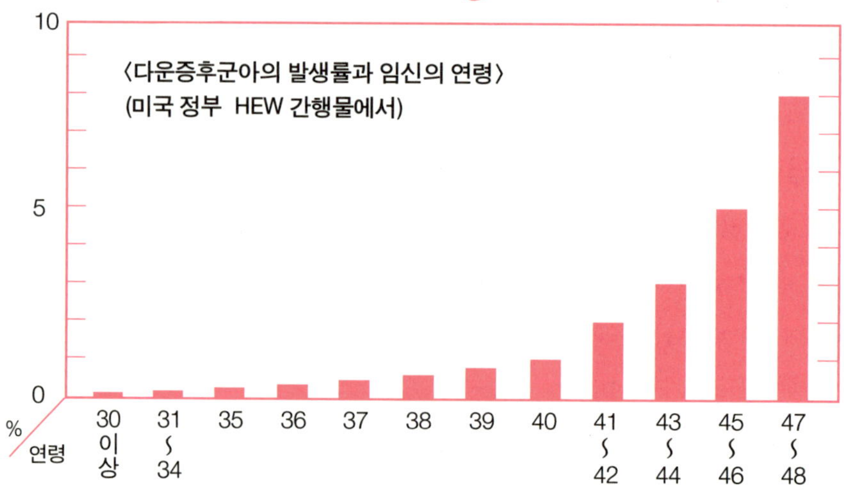

육체적, 정신적으로도 성숙한 25~35세에 출산해야 한다

예전까지는 30세 이상을 고연령 출산으로 보아 걱정하는 의견도 있었지만, 최근에는 여성의 대학진학률도 남성과 비슷해지고, 사회에 나가서도 남성과 어깨를 나란히 하여 근무하는 여성이 늘고 있어, 자연히 결혼연령도 높아지고 있습니다.

이런 세상에서 '30세까지 아이를 모두 낳으세요!' 하고 요구하는 것은 무리는 아닐까요.

35세까지라면, 우선은 괜찮을 것이라고 합니다. 오히려 20세 이전에 아이를 낳는 것이 머리 좋은 아이를 위해서는 그다지 바람직하지 않다고 합니다.

20세 이전의 여성은 육체적으로는 성숙되어 있지만, 무엇보다도 정신적으로 미숙하여, 아이 지능의 발육에 가장 중요한 3세까지의 교육을 완전히 이룰 수 있을 만큼의 힘이 없습니다.

그보다도 육체적으로나 정신적으로 성숙된 25세부터 35세까지의 출산이 더 좋습니다.

단, 결혼연령이 높은 여성은 결혼하면 바로, 계획적으로 출산하는 것을 생각하는 것이 좋을 것입니다.

앞에서 말한 고연령에 따른 난산도 결혼하고 바로 아기를 낳은 여성에게는 적다고 합니다.

다운증 아기의 출산은 난자의 염색체 이상이다

왜 연령이 높아질수록 다운증 아기가 태어날 확률이 높아지는 것일까요. 이는 여성이 난소에 있는 난자를 만드는데 근본이 되는 난모세포가 아기 때부터 만들어져 있기 때문입니다. 그것이 늙어서 염색체의 분배에 실패할 확률이 크기 때문이지요.

사람의 세포 중에는 유전자를 실은 보통의 염색체가 22쌍, 남자인지 여자인지를 결정하는 염색체가 1쌍 있습니다. 이 쌍이 된 염색체가 하나씩 나뉘어 난자 안에 들어갈 때, 무엇보다 딱 맞게 2열로 되어 있는 것인데, 제대로 나누어지지 않고 미숙하게 함께 붙어 있거나 하는 경우가 있습니다. 그러면 난자에는 염색체가 하나 많은 것과, 하나 적은 것이 생깁니다. 이 난자가 정상적인 정자를 수정하면, 어떤 종류의 염색체가 사실은 1쌍만으로도 충분한데 하나가 더 쓸모없게 있어 삼각관계와 같이 이상해지거나, 또는 쌍이 되지 않고 하나뿐인 것이 됩니다.

하나인 경우에는 장애가 너무 커서 실제로 태아가 되기 전에 유산되어 버리지만, 삼각관계인 것은 태어나는 경우가 많습니다. 이것이 보통의 다운증 아이인 것입니다.

그렇지만 이러한 유형은 최초의 아이가 다운증이라도 두 번째의 아이가 다운증인 확률은 적어집니다.

6 아이의 지능을 생각한다면 반드시 계획출산을 하라

약의 피해를 미연에 방지하기 위해서라도
계획출산을 해야 한다

머리가 좋은 건강한 아이를 낳기 위해서는, 임신하면 낳거나 또는 중절한다는 무계획적인 출산은 절대로 피해야 합니다.

아이의 지능을 결정하는 큰 요소는 모체의 건강이므로, 최상의 컨디션일 때에 임신하고 출산하도록 마음먹어야 합니다.

계획출산은 또한 지적장애 등의 선천성 장애아가 생기는 것을 막기 위해서라도 큰 효과가 있습니다.

1962년, 세계적으로 화제가 되었던 살리드마이드 사건이 있었습니다.

그것은 임신 초기에 입덧이나 불면증의 치료를 위해 먹는 매우 잘 듣는 새로운 수면제인데, 뱃속의 아기에게 심한 장애를 초래하는 것입니다.

약은 기본적으로는 독의 일종이기에, 성인에게는 전혀 부작용이 없어도 어머니의 뱃속에서 조금씩 몸을 만들어 가는 아기에게는 장애가 되는 경우가 있습니다.

수태 후 12주간은 감기약조차 먹으면 안 된다

옛날과 달리 지금은 임신 중에는 가능한 한 약을 먹지 않도록 주의하는 여성이 많아진 것이 다행한 일입니다.

그러나 문제는 임신을 알게 되는 것이 보통 생리가 멈춘 후부터라는 것입니다.

물론 수정한 후 2~3주부터는 입덧이 시작되지만, 이것도 사람에 따라 차이가 있어 전혀 없는 사람도 있습니다. 또한 약한 입덧의 경우는 약간 기분이 나쁠 정도로 그치는 경우도 많고, 평상시 월경불순인 사람은 알아차리기 힘들어집니다.

그리하여 임신해도 최대 4주간 정도는 알아차리지 못하는 경우도 있습니다.

약(한방약도 포함됩니다. 비타민은 비타민A 이외에는 괜찮습니다)에 의한 선천성 장애가 있는 경우는 수정한 후 12주간 즉, 배아기라 하여 아기가 해마와 같은 모양에서 사람다운 모양이 될 때까지 사이에 엄마가 약을 복용한 경우가 대부분입니다.

그러므로 이 기간에 독한 감기약을 먹거나, 살을 빼기 위해 커피에 인공감미료를 넣거나 하는 것은 피해야 합니다.

또한 풍진에 걸렸을 때도 선천성 장애아를 낳을 위험이 커집니다(50%가 장애아).

이러한 약의 피해를 미연에 방지하기 위해서는 계획출산의 방법 외에는 없습니다.

피임약 복용은 절대 잊지 말아야 한다

계획출산에는 확실한 피임이 필요합니다.

콘돔을 사용하는 것은 실패가 많기 때문에, 링이나 피임약을 사용하는 것이 안전하겠지요.

그런데 피임약은 호르몬제(황체호르몬과 난포호르몬)이기 때문에 기형을 만들 가능성이 있는 것은 아닌지 걱정하실 수도 있습니다. 분명 호르몬제는 기형을 만들 가능성이 있습니다.

그러나 피임약은 임신한 것과 같은 상태로 만들어 여성의 난소를 속이고 난자를 나오지 않게 하는 약이기 때문에 걱정은 없습니다.

피임약은 100%의 피임이 가능합니다.

한때, 혈전증 등의 부작용이 있다는 우려가 있었지만, 미국이나 유럽의 조사에서는 피임약을 먹은 여성이 특히 혈전증에 걸리기 쉽다는 사실은 발견되지 않았습니다.

단, 피임약을 사용할 때 조심해야 할 것은 절대로 먹는 것을 잊어서는 안 된다는 것입니다.

하루라도 잊으면 바로 배란이 되어 임신될 우려가 높아집니다.

깜박 잊고 피임약을 복용하지 않아 임신이 되었는데 그것을 모르고 계속 복용하면, 피임약은 앞에서 말한 대로 기형을 만들 가능성이 있기 때문에 뱃속의 아기에게 장애를 일으킬 위험이 있습니다.

약 같은 건 싫어요! 알겠죠. 엄마!

7 머리 좋은 아이로 키울 가능성이 높은 수태시기

아기 뇌의 발육을 돕는 것은 대량의 산소다

머리 좋은 아이를 낳으려면 산소가 얼마나 중요한 역할을 하는가에 대해서는 뒤에서 상세하게 설명하겠지만, 여기에서는 우선 미국에서 실시된 흥미 있는 실험 이야기부터 시작하도록 하겠습니다.

아기가 뱃속에서 자라 자궁이 점점 커져오면, 태반에 혈액을 보내는 엄마의 혈관이 압박되어 납작해집니다. 그럴 때 혈액의 흐름이 나빠지게 됩니다.

그래서 엄마의 가슴에서 아래쪽을 철로 만든 폐와 비슷한 용기 안에 넣고 공기를 조금 빼줍니다. 그럼 용기 안의 기압이 내려가기 때문에 그만큼 엄마의 뱃속이 바깥쪽으로 부풀어 오르는 것이지요. 그때 골반으로 가는 혈관도 원래처럼 부풀어 다량의 혈액이 태반으로 흐르게 됩니다.

산소는 혈액 중의 헤모글로빈이 운반되는 것이므로, 따라서 아기에게 보내어지는 산소의 양도 늘어 뇌의 발육 등에 큰 효과를 미친다는 것입니다.

이러한 실험이 실시되는 것은 아기 뇌의 발육에 산소가 큰 영향

력을 가지고 있기 때문입니다.

또한 엄마에게 직접 산소를 흡입시키는 방법도 생각되었습니다. 엄마의 혈액 속의 산소의 농도를 높여주어 아기에게 보내어지는 산소의 양을 늘려주는 것입니다.

아빠와 엄마, 잘 상담해 주세요!

그러나 여기에는 어려운 문제가 있습니다. 사람은 100% 순도의 산소를 호흡하면 반대로 중독을 일으키므로 산소의 농도 조절이 능숙치 못한 사람에게는 어려운 일이겠지요.

또한 이 방법은 오래 지속하지 않으면 효과가 없기 때문에 이를 위해서는 많은 산소 펌프가 필요하여 비용이 많이 듭니다.

그래서 병원에서도 중환자의 산소마스크나 일산화탄소 중독의 치료 정도밖에 사용하지 않는 것입니다. 따라서 자연 속에 가득한 산소를 어떻게 하면 대량으로 마실 수 있는가 하는 것이 포인트가 되는 것입니다.

임신을 하면 녹색이 많은 공원 등으로 매일 산책을 하고 가능하면 긴 시간 동안 신선한 공기를 마시는 것이 중요합니다.

이 방법은 산소를 가득 포함한 공기를 마시는 것과 동시에, 산책이라는 적절한 운동으로 혈액의 순환을 좋게 할 수 있습니다. 또한 산뜻한 기분으로 아기 뇌의 정상적인 발육을 방해하는 스트레스도 없앤다는 2중, 3중의 효과가 있는 것입니다.

태아에게 충분한 산소를 공급할 수 있도록 수태시기를 선택하라

신선한 공기, 산소가 많은 공기를 마시기 위해 녹색 숲을 산책할 필요가 있다는 점에서 말하자면, 사전에 수태의 계절을 생각해야 한다는 것입니다.

아기는 수정 후 4개월에서 9개월 사이에 가장 중요한 대뇌피질이 점점 발육합니다.

그런데 이 기간이 겨울이 되어 추워서 자주 산책을 하기 어려워지면 난처한 일이겠지요.

따라서 아기 대뇌피질의 발육기간인 6개월, 바로 봄에서 가을이 되도록 역산하여 수태하면 좋습니다.

그렇다면 수태의 가장 좋은 시기는 12월에서 1월이 됩니다. 이 동안에 수태하도록 계획출산하면 좋겠지요.

12월이나 1월에 수태하면 아기가 태어나는 것은 10월이나 11월이 됩니다.

그럼 아기가 기기 시작하여 활발하게 운동을 시작하는 생후 6개월경에는 다시 봄에서 초록의 계절이 되어, 아이에게 있어 가장 바람직하겠지요.

산소가 많은 환경에 오랫동안 두면 태어나는 아이의 지능이 어떻게 되는지 아직 사람에게서는 확실하지 않지만, 동물실험에서는 확실한 결과가 나와 있습니다.

산소를 가득 넣은 상자에서 키워 태어난 새끼 쥐는 학습이 빠르고 지능이 높았습니다.

8 머리 좋은 아이를 수태하는 것은 체위보다 오르가즘이다

질 안에 가득 모인 것 외의 정액은 흘려버려라

섹스를 할 때 정상체위를 하면 임신이 쉽다고 일반적으로 생각하고 있는 것 같습니다만, 그것은 사실이 아닙니다. 정상체위인 경우에도 사정이 끝나고 오랫동안 누워 있으면 몰라도, 일어나 걷거나 하면 정액이 밖으로 나와 버립니다.

대개, 정액 속에는 1회의 사정으로 2억에서 4억 개의 정자가 있습니다. 수정하는 것은 그중 단 하나이기 때문에 '경쟁이 심할수록 머리 좋은 아이가 태어난다. 따라서 정자의 수는 많을수록 좋다.' 하고 생각하기 쉽지만, 예를 들어 2억 중 1억5천만이 밖으로 나와 버리고 나머지 5천만에서 경쟁을 해도 실제로는 거의 차이가 없습니다. 가득 모인 정액에서 충분히 심한 경쟁이 전개되기 때문입니다.

그렇다고 해도 남성 안에는 정자를 만드는 고환에 장애가 있어 정자의 수가 적은 사람도 있습니다. 이 적은 중요한 정자를 가능한 한 살려 무사히 난자에 결합시키기 위해서는 이제부터 설명하는 '여성의 오르가즘'이 중요한 포인트가 되고 있습니다.

물론, 정상적인 기능을 가진 남성의 정자에 있어서는 그것이 '머

리 좋은 아이'를 만들기 위한 중요한 조건이 된다는 것은 말할 것
도 없습니다.

오르가즘의 이야기를 하기 전에, 또 하나만 설명해 두겠습니다.

최근의 연구에서는 남성이 45세 이상이 된 후에 태어난 아이는
선천성 장애아가 될 확률이 급속히 높아진다는 사실도 밝혀졌습
니다. 분명, 정자를 만드는 기능이 약해져 만들어진 정자 자체의
유전자에 장애를 일으키는 경우가 많아지기 때문일 것입니다.

역시, 남녀 모두 젊고 체력이 좋을 때에 아이를 만드는 것이 좋
을 듯합니다.

오르가즘에 의한 질의 변화가
정자의 생존을 도와 '경쟁률'을 높인다

미국의 성과학자들은 흥미로운 실험을 하였습니다.

여성의 질 안에 초소형 센서와 전파발신기가 조합된, 소위 도청
기와 같은 기계를 넣고, 그 여성에게 별실에서 자위를 시켜 오르가
즘 시에 질 안의 액체 성분이 어떻게 변하는지를 조사한 것입니다.

그전에는 이 기계가 전파가 아닌 전선으로 측정기에 연결되어
있어, 여성이 쉽게 오르가즘에 달하는 것이 어려웠지만, 이젠 충분
히 여성의 쾌감을 높이는 기기가 발달되어 측정이 가능해진 것입
니다.

실험 결과, 오르가즘에 달하면 혈액 속에서 아미노산과 당이 질 안으로 배어 나오는 것이 발견되었습니다.

아미노산이나 당은 정자가 살아 있는 시간을 길게 하고 운동을 활발하게 하는 것이 확인되었습니다.

정자를 식염수 안에 넣으면 죽은 듯이 움직이지 않지만 포도당을 녹인 물 속에 넣어 주면 되살아난 듯 건강하게 헤엄칩니다.

오르가즘에 달하면 소음순은 충혈되어 부풀어 오르고 질의 입구가 수축되지만, 그 안은 반대로 주름이 늘어나고 넓어져 정액이 모이기 쉬워집니다.

또한 평상시에는 단단하게 닫혀 있는 자궁의 입구도 열려 정자가 들어가기 쉬워집니다.

이러한 오르가즘에 의한 질의 변화가, 머리 좋은 아이가 될 가능성을 숨긴 유전자를 가진 정자를 난자에 결합시키는 것입니다.

정자에게 있어서 질 안은 온실과 같은 살기 좋은 곳이 되어, 보다 좋은 조건 하에서 보다 가열된 경쟁을 해나가는 것이 가능해지는 것입니다.

가득 모인 정자의 수가 한정되어 있다면, 그중 가능한 한 다수가 경쟁에 참가함으로써 선발된 정자의 강함과 우수함의 가능성이 증가하게 될 것입니다.

아빠! 엄마를 큰 기쁨으로 안아주세요!

2장

배속의 아기를 위해

9 이런 고단백식품이 태아의 뇌세포를 만들어낸다

입덧이 억제되는 임신 중기에는
태아의 뇌신경세포가 분열되기 시작한다

임신 초기 2~3개월간은 입덧 때문에 식사를 할 수 없는 것이 보통이지만 이 시기가 뱃속 아기의 뼈나 장기가 생기는 중요한 시기이므로, 만약 아기에게 영양보급이 불충분하면 큰일입니다.

그러나 다행스럽게도 엄마의 식사량이 적어도 아기는 엄마의 몸 안에 저장되어 있던 영양분을 끌어내서 자신의 몸을 만들어갑니다.

임신을 하면 엄마의 몸은 우선적으로 아기에게 영양을 전해 주도록 구조가 바뀝니다. 칼슘이 부족하면 엄마의 치아에서 빼내고, 그 때문에 엄마는 이가 흔들리거나 하는 것도 그 때문입니다.

말하자면 엄마는 저금통장의 도장을 아기에게 맡겨버리는 것입니다.

그러나 엄마에게 저금이 없다면 어찌할 수 없습니다.

앞서 말씀드린, 몸매를 걱정하여 샐러드만 먹은 여성을 엄마로 둔 아기에게는 비극이겠지요.

엄마의 몸에 저금이 있다 하여도, 그것은 지방 등의 칼로리원이나 칼슘, 단백질의 일부뿐이고, 사람이 체내에서 만들거나 저장할 수 없는 필수아미노산이나 비타민, 아기의 혈액을 만드는데 대량으로 필요한 철분, 엄마의 저금만으로는 턱없이 부족한 칼슘 등은 역시 매일 식사로 보급해 주어야 합니다.

따라서 임신 중의 식사에서 빼놓을 수 없는 것은 필수아미노산을 많이 함유한 양질의 식물성 단백질인 두부나 비타민, 철분을 많이 함유한 간, 녹황색 야채, 그리고 인이나 칼슘이 많은 생선 등입니다.

식욕이 없으면 무리하게 먹는 것은 금하고, 하루에 몇 번이라도 조금씩 먹도록 하는 것이 좋습니다.

입덧을 할 때는 냄새에 민감해져 자신이 요리를 하면 식욕이 없어지는 경우도 있기 때문에, 가끔은 외식을 하는 것도 기분전환이 되어 좋을 것입니다.

입덧이 나아지면 임신 중기에 들어가는데, 이 시기는 뱃속에 아기의 뇌신경세포가 활발히 분열하여 늘어나기 시작할 때이기 때문에 뇌세포의 재료가 되는 양질의 단백질을 많이 섭취해야 합니다.

뇌세포뿐만 아니라, 아기 몸의 모든 부분의 세포를 만들기 위해서도 단백질은 필요합니다.

얼마나 필요한지는 다음의 68쪽에 기재되어 있지만, 식사는 우선 단백질, 칼슘, 철분을 우선으로 하고 거기에 부족한 칼로리를 탄수화물이나 지방으로 섭취하도록 하십시오.

엄마! 고단백식품을 많이 드세요!

하루의 단백질 섭취방법

1일 영양 필요량

각 영양소 / 각 기	에너지	단백질	철분	칼슘	비타민A	비타민B1	비타민B2	비타민C
피임기	2000 cal	60 g	12 mg	0.6 g	1800 i.u.	0.8 mg	1.1 mg	50 mg
임신 전기	2150 cal	70 g	15 mg	1.0 g	1800 i.u.	0.9 mg	1.2 mg	60 mg
임신 후기	2350 cal	80 g	20 mg	1.0 g	2000 i.u.	0.9 mg	1.3 mg	60 mg
수유기	2800 cal	85 g	20 mg	1.1 g	3200 i.u.	1.1 mg	1.5 mg	85 mg

두부, 계란, 우유는 필수아미노산을 포함한 고단백식품이다

단백질식품 중에서도 필수아미노산을 일부밖에 함유하지 않은 것도 있기 때문에, 균형 있게 모든 필수아미노산이 많이 있는 양질의 단백질식품을 선택하는 것이 중요합니다. 먹기 쉬운 것으로는, 두부, 계란, 우유 등이 있겠지요.

칼슘을 많이 함유한 식품으로는 새우나 멸치가 가장 좋습니다. 그것을 싫어하는 사람은 미역이나 해초라도 좋습니다. 또 탈지분유는 지방분을 너무 많이 먹지 않고 칼슘을 섭취하기에는 좋은 식품입니다.

철분은 간에 가장 많고, 다음에 소라나 굴 등의 조개류입니다. 녹황색 야채는 차조기 잎이 가장 좋고, 파슬리, 시금치 순서입니다.

입덧이 왜 생기는지는 잘 알 수 없지만, 자연에는 쓸모없는 것이 없다는 것을 생각하면 무언가 의미가 있을 듯도 합니다.

아마도 임신 초기에는 유산이 일어나기 쉽기 때문에 너무 격한 운동을 시키지 않도록 일부러 기분을 나쁘게 하거나, 안정을 유지하도록 하기 위함일 것입니다.

만약 입덧이 없었다면, 임신을 알기 전에 테니스와 같은 격한 운동을 할 위험이 있습니다.

역시 자연은 모두 잘 배려하는 것입니다.

10 철분이 부족하면
아기 뇌의 발육이 느려진다

임신 중에는 평소의 2배 가까운 철분을 섭취하라

앞에서 뱃속의 아기 뇌를 키우기 위한 기본적인 식품으로 필수 아미노산을 골고루 함유한 양질의 고단백식품이 필요하다고 하였습니다. 단백질의 중요성은 뇌에 한정되지 않습니다. 예를 들어 아기의 뼈가 생기는 구조를 생각해도 알 수 있겠지요.

아기의 뼈는 우선 단백질과 칼슘이 기본입니다. 단백질은 몸의 모든 부분의 기본적인 뼈 조직이 되는 중요한 것이지요.

그러나 단백질만으로는 안 됩니다. 임신 중의 식사에 철분과 비타민이 부족하면 머리 좋은 아이를 낳을 수 없습니다.

임신 중의 여성은 자주 빈혈을 일으키는 일이 있습니다. 가슴이 뛰거나 안색이 나빠지고 호흡도 빨라집니다.

이것은 어지럼증 등의 뇌빈혈과는 달리, 혈액 중의 헤모글로빈(산소를 운반하는 물질)의 양이 적어졌기 때문에 일어나는, 이른바 피가 적어진다는 그대로의 의미인 빈혈입니다. 보통의 빈혈과 구별하기 위해 '임신빈혈'이라 불리고 있습니다.

그 원인은 헤모글로빈을 만들 때에 없어서는 안 되는 철분을 뱃속의 아기에게 빼앗기기 때문입니다.

엄마가 철분이 부족하여 빈혈을 일으키면 어떻게 될까요.

아기에게 산소공급이 부족하여 일산화탄소 중독처럼 아기 뇌의 발육이 늦어질지도 모릅니다.

사실 일산화탄소 중독과 같이 심한 것은 아니지만, 그 대신 오랜 시간 아기의 뇌에 산소부족이 계속될 위험도 있습니다.

이것은 아기 뇌의 발육에 있어 커다란 적이라 할 수 있겠지요.

그래서 임신 중의 엄마는 매일 매일의 식사에서 언제나 보다 많은 양의 철분을 섭취하지 않으면 안 됩니다.

임신하지 않았을 때에는 1일 12mg으로 충분하지만, 임신 전기에는 1일 15mg, 후기에는 20mg이나 필요합니다. 철분을 많이 포함한 식품으로는 간이나 조개류, 녹황색 야채 등입니다.

다음의 73쪽에 철분을 함유한 식품과, 1회의 식사에서 얼마만큼 먹어야 할지 일람표를 제시하고 있으므로 참고해 주십시오. 만약 부족하다면 철분이 주체인 조혈제를 먹어야 합니다.

철분은 매일 보급해 주어야 한다

산소를 운반하는 헤모글로빈은 단백질과 철의 화합물을 사용하여 골수 안에서 만들어지지만, 철분이 부족하면 만들 수 없습니다.

이것은 뱃속의 아기도 마찬가지입니다. 자신의 혈액을 만들기 위해서는 철분이 필요합니다. 그런데 그 철분은 엄마가 주는 것밖

에 방법이 없습니다.

임신 중에는 무엇보다도 아기가 우선이기 때문에, 엄마가 섭취한 철분은 모두 아기에게 섭취됩니다.

엄마는 단지 아기에게 산소를 전달해 주기 위해서 헤모글로빈을 자꾸 만들어야만 하고, 그 때문에 철분이 필요하면서도 아기의 혈액을 만들기 위한 철분을 빼앗겨버리기 때문에 큰일입니다.

헤모글로빈에 포함되어 있는 철분은 적혈구가 손상되면 담즙 안에서 나와 재사용이 되지 않습니다. 적혈구는 매일 조금씩 손상되어 새로운 것을 자꾸 만들어야 하기 때문에, 언제나 철분을 보급해야만 합니다.

철분은 몸속에 어느 정도 저장도 되지만 곧 바닥을 드러내 버리기 때문에 매일 조금씩 음식물의 형태로 섭취해야 합니다.

엄마는 제철소처럼 되어 주세요

식품명	mg / 100g	1회 사용량		
		g	기준량	mg
돼지 간	16	50	작은 1조각	8.0
나마리부시	10	50	작은 1조각	5.0
소 간	10	50	작은 1조각	5.0
소라	9	40	중 1개	4.5
굴	9	50	5개	4.5
건면	5	100	1/3 줌	1.0
고래고기	5	100	대 1조각	5.0
가쯔오	4	100	대 1조각	4.0
소다리 살	3.6	100	대 1조각	3.6
쑥갓	3.5	100	1/3 줌	3.5
시금치	3.5	100	1/3 줌	3.3
파슬리	7.5	3	1 뿌리	0.2
차조기 잎	10.1	3	3장	0.3

• 나마리부시 = 찐 가다랭이살을 설말린 식품.

• 가쯔오 = 가다랭이(국수를 끓일 때 멸치국물을 우려내는 것처럼 가쯔오부시를 우려낸 것).

• 가쯔오부시 = 가다랭이 포.

• 건면 = 말린 국수.

• 줌 = 주먹으로 쥘 만한 분량.

조혈제(제약회사)

훼로바유 서방정 (부광약품)	훼럼메이트액 (중외제약)
헤모큐액 (대웅제약)	모아훼린정 (유한양행)
훼럼포라정 (중외제약)	볼그레캡술 (종근당)

• 이밖에도 여러 가지 조혈제가 있습니다.

11 머리 좋은 아기를 낳는 열쇠는 '비타민E' 이다

비타민E는 뇌의 모세혈관을 점점 늘린다

머리를 좋게 하는 비타민으로 주목되어온 것이 비타민E입니다.

비타민E는 모세혈관 등이 생기는 것을 도와 피의 순환을 좋게 합니다. 이 비타민E를 임산부가 복용하면 뱃속의 아기 뇌에 어떠한 원인으로 인해 손상이 생겨도 빨리 나을 수 있게 합니다.

임신 중이나 출산 시에 아기의 뇌에 미세한 손상이 생기는 증상은 종종 일어나고, 그 결과 지능이 높은 아기를 낳을 수 없습니다.

적극적인 의미에서는 뇌의 모세혈관을 늘리는 것이 '머리 좋은 아이를 낳는' 것이 됩니다. 머리가 좋다는 것은 간단하게 말하자면 뇌의 배선의 복잡함과 피의 순환이 좋다는 것입니다.

머리가 좋다는 것은, 뇌의 배선이 동일한 경우 얼마나 그 배선이 최대한으로 이용되는가, 즉 신경세포가 활발하게 움직이는가 하는 것입니다. 이를 위해서는 영양과 산소가 충분히 공급되어야 합니다. 영양과 산소를 공급하는 수송로는 모세혈관이지요.

아기 뇌의 기본 형태가 만들어져 가는 태아일 때에는 엄마가 비타민E를 많이 보내주면 모세혈관이 많이 늘어나, 뇌 안에서도 모세혈관의 망이 미세하게 넓어지고 머리 좋은 아이의 기초가 만들어집니다.

　비타민E는 영양보조식품으로 팔리고 있습니다. 비타민E의 경우에는 많이 복용해도 부작용이 없으므로 상관없지만, 식품 중에서도 비타민E를 풍부하게 포함한 것이 많이 있습니다. 이를테면 배아정미, 식물유, 평지채, 가쯔오, 장어구이, 명란젓, 대두 등이겠지요.

머리를 좋게 하는 비타민E는 맛있어요

비타민E제(제약회사)

하노백(동아제약)	비이천연질캅셀(성진약품)
그랑페롤(유한양행)	경남토코페롤연질캅셀(경남제약)
쥬바롤연질캅셀(조아제약)	비이천연질캅셀(쎌라트팜코리아)
투비렉스연진캅셀(삼일제약)	한독비타민E연질캅셀(한독약품)
제노아연질캅셀(일양약품)	하이페롤연질캅셀(한불제약)

• 이밖에도 여러 가지 비타민E제가 있습니다.

배아정미에는 비타민E가 가득하다

대두를 사용한 가공식품으로는 두부나 유부 같은 것이 있지만, 매일 먹으면 질릴 것입니다. 매일 먹어도 질리지 않는 것, 그것은 바로 밥입니다.

이 밥에서 비타민E를 매일 섭취하는 방법이 있습니다. 그러나 백미가 아니라 배아정미로 바꾸는 것입니다. 쌀의 배아를 자르지 않게 하여 정미한 배아정미에는 백미에 없는 비타민E가 100g당 1.54mg이나 포함되어 있습니다.

비타민E는 세포를 활기차게 하는 작용도 있기 때문에, 임신 중에 피부의 노화를 방지하기 위해서도 밥을 배아정미로 바꾸는 것이 좋습니다.

비타민E가 매일 어느 정도 필요한가 하는 것은 일반적으로 성인남성 1일 10mg, 성인여성이 8mg으로 되어 있습니다. 배아정미로 하면 1,000g이 되는데, 임산부의 경우에는 아기의 것도 필요하므로 이보다도 많이 필요하겠지요. 배아정미를 1일 건조중량으로 1kg이나 먹을 수는 없습니다.

무리해서 먹으면 너무 살이 찌겠지요.

부식물에는 대두의 가공품이나 상추, 배추의 참깨무침이다

부식물로도 비타민E를 풍부하게 포함한 것을 먹을 필요가 있습니다. 대두 가공품인 두부나 유부 등도 가능한 한 많이 먹도록 해야겠지요.

그 밖에 참깨, 야채류에서는 상추, 배추류, 컬리플라워 등에도 많이 함유되어 있습니다.

상추나 배추의 참깨무침 등은 어떨까요.

최근에는 식생활이 서양화되어 육식을 많이 섭취하고 자연식품인 두부나 참깨 등을 먹는 습관은 점점 사라지고 있습니다. 그 때문에 식사에서 얻을 수 있는 비타민E는 임신 중 필요량의 2/3밖에 되지 않는다는 보고가 있습니다.

임신을 기회로 식생활을 바꾸어 보세요.

12 임신 중의 과식,
   수분의 과다섭취는 위험하다

임신 중의 비만은 아기에게 위험한 '임신 중독증'을 초래한다

임신 중에는 아기를 위해서도 영양을 충분히 섭취할 필요가 있습니다. 그러나 이 영양이라는 의미는 칼로리만을 말하는 것은 아닙니다. 단백질이나 철분, 미네랄, 비타민 등 아기의 몸을 만드는 재료를 균형 있게 섭취하는 것을 의미합니다.

임신 중에는 운동도 많이 하지 않고 임신 후기부터는 가사일조차도 힘든 일은 하지 않기 때문에 아무래도 몸을 움직이는 것이 적어집니다. 그만큼 에너지의 소비량은 적어지지만, 그 대신 모체의 기초대사, 즉 가만히 있어도 몸의 유지에 필요한 에너지량은 높아집니다.

뱃속 아기의 대사에도 에너지가 필요하기 때문에 보통 때보다 먹어야 하는 칼로리량은 많아집니다. 더구나 칼로리가 있는 단백질을 많이 섭취하기 때문에 뱃속의 아기를 위해서 너무 먹으면, 바로 칼로리가 넘쳐버려 비만의 원인이 됩니다. '아이를 낳고 체형이 망가졌다' 라고 한탄하는 원인의 대부분은, 이 임신 중의 과식에 있습니다. 몸매의 문제뿐만이 아니라 과식에 의한 비만은 아기에게 있어서도 가장 위험한 임신 중독증의 원인도 됩니다.

양보다 질-균형 잡힌 영양이 과(過)칼로리를 방지한다

다음은 4명의 건강한 아이를 낳은 후에도 아름다운 몸매를 유지한 어느 유명한 여배우가 임신 중에 섭취한 메뉴입니다.

[아침]
 · 우유나 신선한 주스 1잔
 · 생야채 샐러드 가득, 홍화유와 식초, 소금 후추의 드레싱
 · 토스트 1장
 · 중국차 1잔

[점심]
 · 닭고기 소테
 · 샐러드
 · 시금치의 참깨드레싱
 · 닭 내장 조림
 · 밥 1그릇

[저녁]
 · 흰살생선 스프 (당근, 샐러리, 양파)
 · 내장조림
 · 연두부(가쓰오부시 소스)
 · 대두와 다시마찜

이것을 보면, 앞장에서 설명한 '칼로리의 섭취방법은 우선 단백질, 철분, 미네랄, 비타민을 섭취한 후, 나머지 부족분을 탄수화물 등으로 보충' 이라는 말을 그대로 실행하고 있었습니다. 이 중에서 탄수화물은 아침의 토스트 1장, 점심의 밥 1그릇뿐입니다.

단백질은 닭 내장과, 두부, 대두가 주체입니다. 이것도 현명합니다. 간은 비타민과 철분의 보고이고, 두부, 대두에는 비타민E가 가득합니다. 비타민E는 대두에 풍부하다고는 해도, 그것은 유지 부분에 있기 때문에 대두를 그대로 먹는 것이 가장 좋습니다.

식용유로 식물유를 사용하고 있는 것도 역시 좋습니다. 임신 중 독증의 예방에 효과가 있는 '필수지방산' 을 체내에서 만드는 원료가 되는 질이 좋은 지방은 대두, 참깨 등의 식물유입니다.

여배우는 임신 중에 수분의 과섭취에도 주의한 것 같은데 그것도 좋습니다. 임신 중에는 증가하는 호르몬의 영향으로 몸 안에 물이 고이기 쉬워지고, 그것이 부종의 원인이 되기도 합니다. 또한 차나 주스를 많이 마시는 것은 짠 것을 먹는 습관 때문입니다. 식염은 물과 함께 몸 안에 남습니다. 임신 중의 식사는 싱겁게 하세요.

어느 유명한 여배우의 임신 중 메뉴입니다

아침
중국차 1잔
토스트 1장
생야채 샐러드 가득
우유나
신선한 주스 1잔

점심
밥 1그릇
시금치의 참깨무침
닭고기 소테
닭 내장 조림
샐러드

저녁
대두와 다시마찜
연두부
(가쯔오부시 소스)
흰살생선 스프
(당근, 샐러리, 양파)
내장조림

피나 몸을 만든다

[양질의 단백질, 지방, 인, 철, 비타민B1, B2, 니코틴산]

두부 1/3

생선 1.5조각

계란 1개

몸의 상태를 조정한다

[비타민A, C, B2, 미네랄]

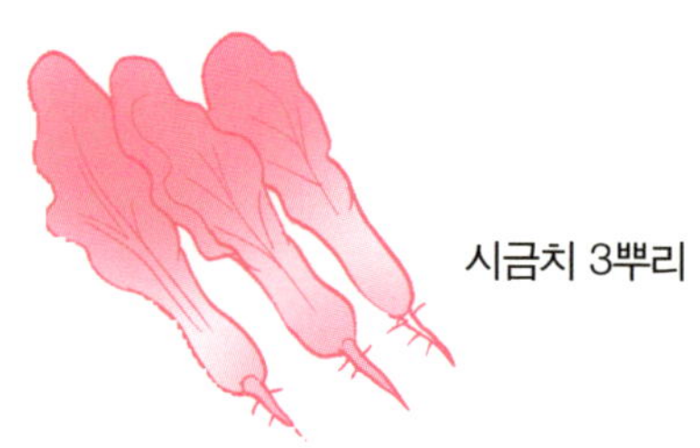

시금치 3뿌리

[비타민C, 미네랄]

굴 3개

오이 1개,
양배추 1잎

뼈나 치아를 만든다

[칼슘, 양질의 단백질, 비타민B1, B2]

우유 2병 반

체온과 힘이 된다

[지질]

식물유 큰컵 2개

[당질, 비타민B1, C]

감자 1개

[당질]

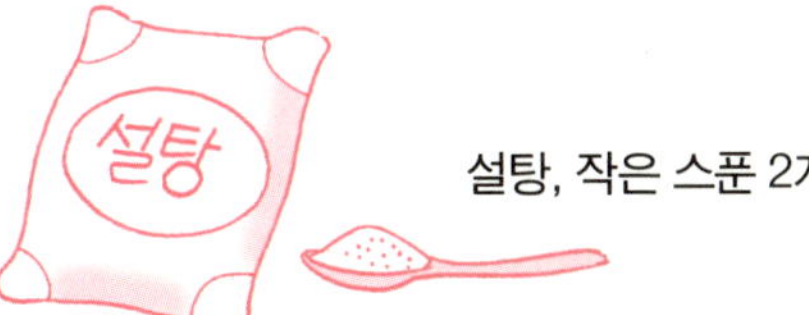

설탕, 작은 스푼 2개

[당질, 단백질, 비타민B1]

소맥분 큰그릇 2.5개
빵 2장

밥 4그릇

13 신선한 공기가 부족하면 머리 좋은 아이를 바랄 수 없다

산소가 부족하면 태아 뇌의 발육이 느려진다

뱃속 아기 뇌의 발육에 있어, 산소가 얼마나 중요하고 없어서는 안 될 것인지 하는 것은 1장 7(57쪽) 『머리 좋은 아이로 키울 가능성이 높은 수태시기』에서 설명하였습니다.

그럼 만약 산소가 부족하면 어떻게 될까요.

여기에 놀랄 만한 사례가 있습니다.

1972년 국철 키타리쿠 터널에서 큰 사고가 있었습니다. 긴 터널을 통과 중이던 열차가 연기를 내며 많은 승객이 타죽거나 연기에 질식되어서 질식사하였습니다.

이 사고에서 간신히 구출된 승객 중에서 몇 명의 임산부가 있었습니다.

그런데 몇 개월 후 그 여성들이 출산한 아기 중에 소두증이라는, 뇌의 발육이 매우 나쁜 선천성 기형아가 포함되어 있었습니다.

왜 이런 일이 생긴 것일까요.

터널 안에서 연기에 휩싸였을 때 일산화탄소를 대량으로 마셔 일산화탄소 중독증을 일으켰기 때문이라고밖에 생각할 수 없습니다. 왜냐하면 소두아를 출산한 엄마의 가계(家系)에도, 아빠의 가계에도 소두아가 생긴 일은 한 번도 없었기에 유전적인 것이라고는 도저히 생각할 수 없었기 때문입니다.

소두아를 낳은 엄마는, 그 열차화재에서 식물인간이 될 정도로 심하게 일산화탄소에 중독된 것은 아니었습니다. 단 한 번 짧은 시간의 산소결핍과 가벼운 일산화탄소 중독이 뱃속 아기 뇌의 발육에 중대한 장애를 일으킨 것입니다.

임산부의 방에는 끊임없이 신선한 공기가 공급되어야 한다

일산화탄소 중독은 특별히 터널 안에서뿐만 아니라, 언제라도 일어날 가능성이 있습니다.

집 안에서도 일어납니다. 겨울이 되면 창문을 닫고 석유스토브를 계속 트는 것은 엄마가 될 자격이 없습니다.

임산부의 방에는 클리닝 히터를 넣거나, 창문을 정기적으로 열어 신선한 공기를 넣어 주는 것을 잊어서는 안 됩니다. 머리 좋은 아이를 낳기 위한 중요한 마음가짐의 하나이기 때문입니다.

일산화탄소 중독에 의한 산소공급의 정지로 가장 먼저 영향을 받는 것은 뇌입니다. 왜냐하면 사람의 뇌는 몸의 어느 부분보다도 그 무게에 비하여 산소와 영양이 많이 필요하고, 그 공급이 잠시라도 멈춰지면 중대한 장애가 일어나기 때문입니다.

사람의 뇌의 무게는 성인 체중의 2~3%에 지나지 않지만, 혈액

의 20%가 뇌에 집중되어 있습니다. 그렇다는 것은 산소도 몸 전체의 필요한 양 중 20%를 뇌에서 사용하고 있다는 것입니다.

그러므로 산소의 공급이 10초라도 멈추면 실신하고, 2~3분 멈추면 뇌세포가 점점 죽어가, 살아나도 식물인간이 되어 버립니다.

뱃속의 아기는 성인에 비해 훨씬 머리가 큽니다. 무게로는 전신의 10~12%나 됩니다. 그만큼 산소를 필요로 하는 비율이 높은 것은 당연하고, 성인의 뇌가 세포분열이 쇠퇴함에 비하여 태아의 뇌 안에서는 뇌세포가 활발하게 분열하며 늘어납니다.

또한 주변으로 신경세포에서의 배선을 점점 늘려가지 않으면 안됩니다. 얼마나 많은 양의 산소가 필요한지 잘 아시겠지요.

뱃속 아기의 뇌에 필요한 산소는 스스로 구할 수는 없고, 엄마의 태반을 통하여 그 혈액으로부터 받는 것밖에 없습니다.

만약 엄마가 일산화탄소에 중독되어 1~2분이라도 필요한 산소를 보내주지 않게 되면 어떻게 될까요.

아기의 뇌세포는 점점 죽어 버립니다. 죽은 뇌세포는 다시 분열하여 늘어날 수 없기 때문에, 뇌의 발육이 나쁜 소두아가 태어나는 것도 당연하다 하겠습니다.

실제로 임신한 토끼나 쥐를 사용하여 실험하면 이러한 관계를 확실히 알 수 있습니다.

상자 안에 넣어 공기를 제거하고, 잠시 산소부족 상태로 하면 매우 높은 비율로 뇌가 없는 선천성 장애가 태어납니다.

이것은 사람에게도 마찬가지일 것입니다.

14 복식, 흉식호흡으로 태아의 뇌에 대량의 산소를 공급하라

어깨로 숨을 쉬어서는 머리 좋은 아이를 낳을 수 없다

머리 좋은 아이를 낳기 위해 많은 양의 산소가 필요하다는 것은 이미 충분히 아실 것으로 생각됩니다. 이를 위해서, 엄마는 나무가 많은 공원을 산책하거나 방의 환기에 주의하거나 하는 것이 중요하다는 것도 이제까지 설명하였습니다.

그런데 임신 후기에 들어선 엄마들 중에서 뱃속의 아기가 커져 어깨로 숨을 쉬는 사람을 자주 발견합니다. 이러한 호흡법으로는 충분하게 폐가 넓어지지 않아 뱃속의 아기에게 필요한, 특히 뇌의 발육에 필요한 산소를 충분히 보내줄 수 없습니다.

폐를 충분하게 넓히기 위해서는 횡격막을 내리누르는 복식호흡이나 흉부를 크게 넓혀 숨을 들이마시거나 내쉬거나 하는 흉식호흡을 해야 합니다.

이것은 임신 12주부터 23주 정도까지 충분히 연습해 둘 필요가 있습니다.

이 방법을 배워봅시다.

[머리 좋은 아이를 낳기 위한 복식호흡법]

횡격막을 움직여 호흡합니다. 여성은 남성에 비하여 이 호흡법에 익숙해져 있지 않는 사람이 많은 것 같은데 연습을 하면 바로 습관이 됩니다.

똑바로 눕거나 옆으로 눕고 무릎을 구부려 양손을 배 위에 두고 아랫배를 채운다는 생각으로 깊이 숨을 들이마십니다. 이때 가슴을 넓히는 것이 아니라 배를 넓힙니다. 손을 배에 두면 잘 알 수 있습니다. 그리고 숨을 다 들이쉬면 천천히 내쉽니다.

[머리 좋은 아이를 낳기 위한 흉식호흡법]

일반 체조와 같은 심호흡의 방법입니다. 가슴만으로 천천히 심호흡을 합니다. 똑바로 누워 양 무릎을 구부리고, 양손을 가슴 위에 두고 가슴이 확실히 크게 아래위로 움직이도록 해주십시오.

이 두 가지 호흡법은 자연스러운 순산에도 큰 도움을 줍니다. 복식호흡은 뱃속의 근육을 강하게 하거나 전신의 힘을 빼는 데에 적합하고, 진통을 약하게 하는 데에도 도움이 됩니다. 흉식호흡은 아기가 태어날 때 힘을 주는 것을 보다 효과적으로 하기 위해서도 중요합니다.

자연스러운 분만이 태어날 아기의 뇌에도 가장 중요하다는 것은 이미 말씀드렸습니다. 그렇다면 호흡법의 연습은 산소공급과 자연분만을 돕는 의미에서 일석이조라 할 수 있습니다. 다음의 그림(90쪽)을 보며 연습해 주세요.

[복식호흡의 연습]

똑바로 누워 무릎을 구부리고 양손을 배 위에 두고 아랫배를
채운다는 생각으로 깊이 숨을 들이마시고 천천히 내쉰다.

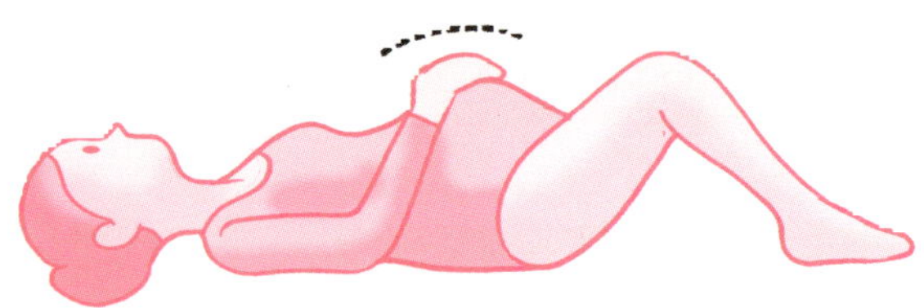

[흉식호흡의 연습]

양손을 가슴 위에 두고 가슴이 확실히 크게 아래위로 움직이도록
호흡한다.

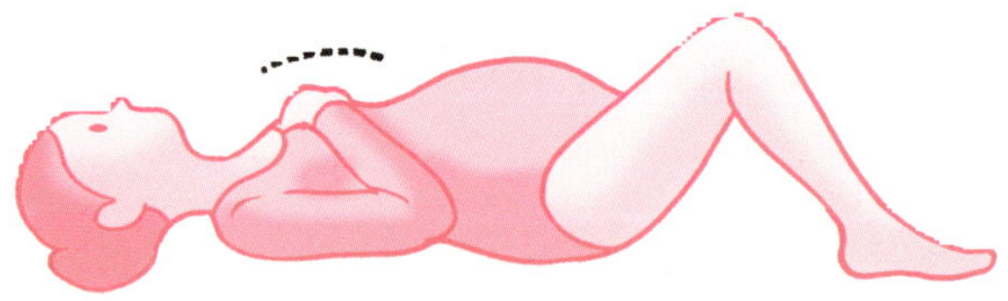

15 엄마의 혈액순환이 좋으면 태아의 뇌도 발육한다

매일 목욕이나 임신체조로 피의 흐름을 좋게 하자

아기 뇌의 발육에 있어 엄마의 몸에서 보내주는 영양과 산소가 키포인트라는 것을 이제까지 설명하였습니다.

그러나 아무리 영양이나 산소가 엄마의 몸에 섭취되어도 아기에게 순조롭게 보내지지 않으면 의미가 없습니다.

이러한 중요한 역할을 하는 것이 엄마의 혈액입니다. 엄마의 혈액순환이 활발하지 않으면 안 됩니다.

혈액순환을 좋게 하기에는 목욕이 효과가 있습니다. 미지근한 물에 천천히 담그는 것이 좋습니다.

또한 체조 등의 가벼운 운동은 아드레날린 호르몬의 분비를 촉진하여 피의 흐름을 좋게 하기 때문에 매일 해주십시오.

단, 격한 체조가 아니라 특별한 임신체조를 해야 합니다.

순산을 위해서도 필요하므로 다음의 그림을 보면서 연습해 주세요.

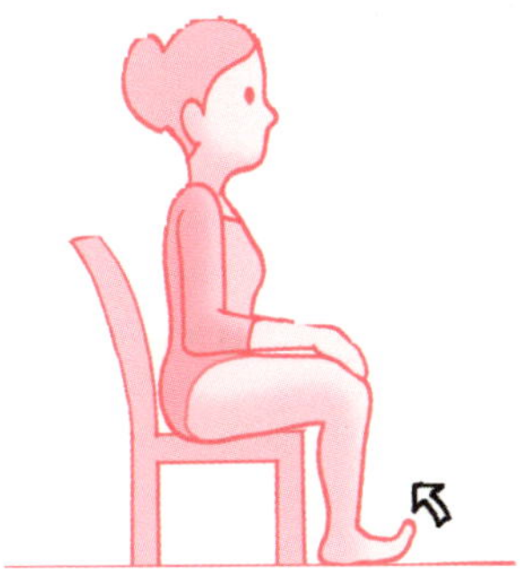

다리 운동

1일에 2~3회, 2~3분씩 반복한다.

A-발끝의 운동

1. 편한 자세로 의자에 앉아 발바닥을 바닥에 붙인다.
2. 발끝만을 뒤로 젖히고 발바닥을 바닥에서 떨어뜨리지 않는다.

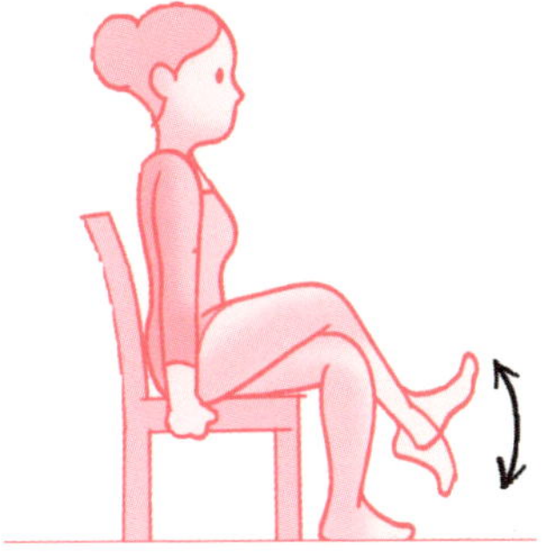

B-복사뼈의 운동

1. 편한 자세로 의자에 앉아 다리를 꼬고 발바닥을 바닥과 수평이 되게 한다.
2. 꼰 다리의 발목을 지점으로 하여 발끝을 천천히 움직인다.
3. 마지막으로 발끝을 무릎에서 아래로 직선이 되도록 아래를 향한다.

C-책상다리를 하는 운동

1. 책상다리를 하여 양손을 무릎 뼈에 놓는다.
2. 양손을 화살표 방향으로 누르고, 한 호흡 후 손을 푼다.

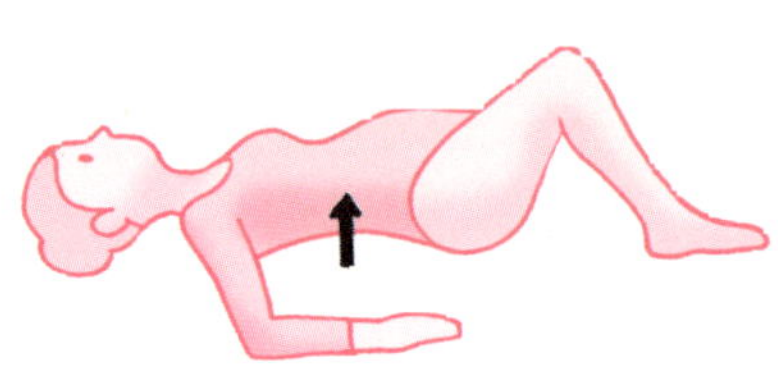

골반의 진동 운동

하루에 2~3회 2~3분씩 반복한다.

A - 등을 굽힌다

1. 똑바로 누워 무릎을 구부리고 양팔은 몸에서 조금 떨어뜨려 둔다.
2. 어깨와 무릎을 지탱하여 등을 활 모양으로 굽힌다. 한 동작을 10초 정도의 속도로 한다.

• 요부를 단단히 하고 하복부의 근육을 강하게 하는 효과

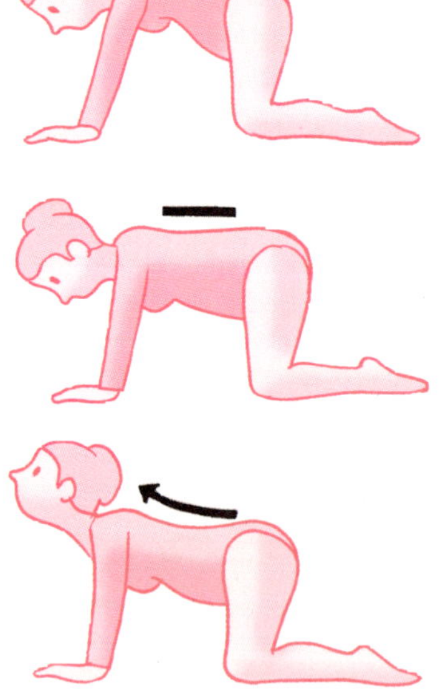

B - 등을 젖힌다

1. 네 발로 엎드려 머리를 내려 등을 둥글게 한다.
2. 다음에 머리를 올린다.
3. 그대로 얼굴을 앞으로 내밀도록 하여 등을 젖힌다.

• 복근을 강하게 하여 척추를 이완시키는 효과.

임산부체조는 순산을 위해서도 좋아요

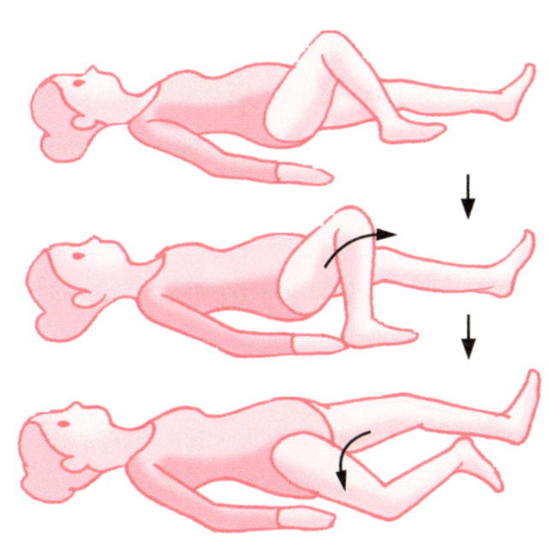

골반을 비트는 운동

하루에 2~3회, 2~3분 반복합니다.

A - 한쪽 발씩 비튼다

1. 똑바로 누워 오른발의 무릎을 세우고 왼발은 바로 뻗는다. 오른발의 발바닥은 바닥에 딱 붙인다.
2. 오른발과 무릎 뼈를 안쪽으로 천천히 허리를 비트는 것처럼 눕힌다.
3. 다음에 외측으로 눕힌다.

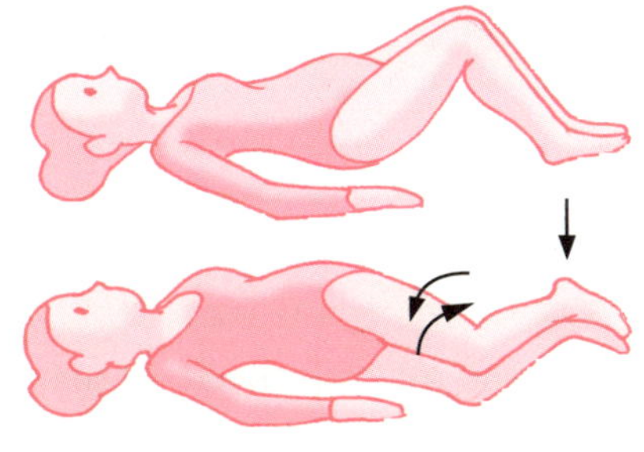

B - 양발을 비튼다

1. 바로 누워 양 무릎을 구부리고 발바닥은 바닥에 붙인다.
2. 무릎을 모은 상태에서 오른쪽으로 크게 눕힌다.
3. 한번 일으킨 다음 반대로 눕힌다. 이때 등이 바닥에서 떨어지지 않도록 한다.

산책은 효과적이지만
차나 비행기로의 장시간 여행은 위험하다

체조 이외에 가벼운 운동으로 추천할 것은 산책입니다. 20~30분의 산책은 기분전환에도 좋고, 혈액순환을 좋게 하며 몸의 각 부분을 자극하여 활력을 줍니다.

변비도 해소되고 식욕도 나아집니다. 뱃속의 아기에게는 산소와 영양의 보급이 보증됩니다. 단, 피곤하면 바로 휴식을 취하십시오. 사람이 많은 곳이나 교통이 붐비는 곳은 피하고 녹색이 많은 조용한 산책로가 바람직합니다.

유산을 방지하기 위해서는, 무리한 자세를 취하거나 무거운 것을 들면 안 되겠지요.

그리고 격심한 스포츠 역시 안 된다는 것은 잘 알고 있을 것으로 생각합니다. 그럼 여행은 어떨까요.

제2차세계대전 후 미군이 아시아나 유럽을 점령했을 때, 본토에서 가족을 불러들였습니다. 그중에는 당연히 임산부도 많았는데, 이것은 여행과 유산의 관계를 조사하는 절호의 기회였습니다.

조사 결과, 절박유산(유산하게 되는 것)이나 실제의 유산은, 여행의 거리나 기간과는 관계없이 임신 6주째에서 12주째 사이에 여행한 임산부에게서 가장 많이 일어났습니다.

그러나 이것은 여행 이외의 절박유산이나 유산과 비슷한 비율로, 여행을 한 후에 특별히 그 발생률이 늘어난 것은 아니었습니다.

따라서 여행과 유산이 특별히 현저한 관계가 있다는 것은 아니
겠지만, 그렇다고 해도 역시 유산되기 쉬운 6주째에서 12주째 사
이와, 출산을 바로 앞둔 9개월째부터 그 후에는 피하는 것이 좋습
니다.

여행을 하려면 뱃속의 아기가 안정되는 임신 중기, 즉 4개월~7
개월이 좋습니다.

여행 시에는 같은 자세를 장시간 하게 되므로, 진동이 심한 차보
다는 열차가 좋고, 비행기도 국내여행이라면 단시간이므로 상관
없지만 해외여행은 피해야 합니다.

1만 미터 가까운 상공을 나는 여객기는, 객실 안에는 공기를 압
축하여 공급하며 저기압이 되지 않도록 하고 있습니다.

그래도 지상의 기압보다는 훨씬 낮기 때문에 오랜 시간 비행기
를 타는 것은 뱃속의 아기에게 산소공급의 면에서 결코 좋지 않습
니다.

아기가 생겨 더 넓은 집으로 이사하는 것도 역시 임신 중기가 가
장 좋습니다.

16 담배는 뱃속 아기의 뇌를 나쁘게 한다

흡연하는 엄마에게 태어난 아이는
초등학생이 되어도 계산력이 떨어진다

임신 중에 담배를 피우면, 뱃속의 아기에게 2중, 3중의 악영향이 있습니다.

하나는 담배를 피우면 가벼운 일산화탄소 중독을 일으키게 됩니다. 한 개비를 피움으로써 작은 '터널 사고'를 일으키는 것입니다. 특히 쉴 새 없이 뻐끔뻐끔 피우는 것은 좋지 않습니다.

미국의 신생아 조사에서 담배를 많이 피운 임산부, 특히 하루 2갑(40개비) 이상 피우는 여성에게서 태어난 아기는 뱃속에서 일산화탄소 중독에 걸려 있는 것이 확인되었습니다. 중독에 걸린 아기는 체중도 작고 뇌의 발육도 나빴습니다.

이것은, 저(低)타르, 저(低)니코틴 필터 담배도 같습니다. 필터로는 일산화탄소 중독을 방지할 수 없습니다.

또 하나는 니코틴의 독입니다. 니코틴은 모세혈관을 수축시키는 작용이 있습니다. 아기에게 산소를 보내주는 중심에 해당하는 태반은, 엄마의 모세혈관과 아기의 모세혈관이 얽혀 산소나 영양을 받아서 전달하고 있기 때문에, 모세혈관이 수축되면 아기의 발육에 필요한 산소나 영양소가 충분히 전달되지 않게 됩니다.

그러므로 임신 중에 담배를 피운 여성과 피우지 않은 여성을 조사해 보면, 태어난 아기의 체중이 160g에서 299g이나 적습니다. 또한 미국의 조사에서는 신장도 1.2㎝~1.3㎝ 작고, 머리 둘레도 0.3~0.4㎝ 작았습니다. 그만큼 아기의 성장이 방해되는 것입니다.

임신 중에 하루 10개비 이상의 흡연을 하던 엄마의 아이는 11세가 되어도 독해력과 계산력이 떨어진 데이터도 있습니다.

폐가 손상되면 태아에게 충분한 산소를 보낼 수 없다

임신 중에는 본인뿐만 아니라 남편과 가족도 집 안에서는 금연하도록 하는 것이 좋습니다. 아무래도 자신이 피우지 않아도 남이 뿜어낸 담배연기를 빨아들이기 때문입니다. 그러한 의미에서, 담배연기가 많이 나오는 곳은 절대로 가지 않아야 합니다.

또한 일하는 여성은 담배연기가 가득 찬 회의실이나 음식점 등은 멀리하는 것이 가장 좋습니다.

최근에는 남성의 흡연율이 줄고 있는데 비해서 젊은 여성의 흡연은 반대로 증가하는 경향이 있습니다.

성인 흡연율에 관한 조사에서는 20대 여성의 흡연율은 해마다 증가하고 있습니다. 1989년에 비해 2002년에는 2배로 증가하였습니다. 이렇게 증가한 것은 20대의 여성뿐입니다.

일하는 여성이 늘고 스트레스 해소를 위해서는 어느 정도 어쩔 수 없는 경향이라고 생각되지만, 장래 엄마가 될 것을 생각하면 흡연습관은 가능한 한 빨리 그만두는 것이 좋습니다.

담배를 피우면 아무래도 폐의 움직임이 나빠집니다. 임신하면 자신 외에 아기의 몫까지 대량의 산소를 몸 안에 공급해야 하기 때문에, 이때 산소를 공급하는 폐의 움직임이 충분하지 않으면 분명 뱃속의 아기에게 나쁜 영향을 줄 것입니다.

임신하면 금연하겠다는 사람이 많은데, 유비무환이라고 담배를 피우는 습관은 한시라도 빨리 버리는 것이 좋습니다.

무엇보다 담배는 미용의 적이기도 하다는 것을 잊지 마세요.

엄마가 담배를 한 개비라도 피우면 머리가 빙빙 돌아요

17 임신 중의 술은
태아의 발육을 저해한다

엄마가 술을 마실 때 태아도 취한다

여성의 음주율은 해마다 상승하는 경향이 있습니다. 연령별로 보면 15~19세가 가장 많고, 다음으로 20세의 음주율이 높아지고 있습니다. 즉, 예비엄마들의 대다수가 알코올에 익숙해져 있는 것입니다.

그러나 임신 중 음주의 위험에 대해서는 그다지 알려져 있지 않아, 임신 중 일주일에 한 번 이상 마신 사람도 많이 있었습니다.

술은 습관성이 있기 때문에 좀처럼 멈출 수가 없습니다. 어느 사이 음주가 만성 알코올 중독이 된 것입니다. 임신을 알지 못하고 술을 많이 마셔 만취 등의 급성 알코올 중독이 되면 뱃속의 아기에 대한 영향이 매우 큽니다.

어느 병원에서, 만취 후 갑자기 진통을 일으켜 실려 온 여성이 있었습니다. 무사히 아기를 출산하였지만, 태어난 아기는 숨에서 술 냄새가 나고 울음소리도 약했습니다. 아기도 취해 있었던 것입니다.

이것은 당연합니다. 엄마의 혈액 속에 들어간 알코올은 태반을 통해 아기의 혈액이 그대로 들어가기 때문입니다.

와인을 물 대신 마시는 식생활 탓인지 프랑스는 남녀 모두 알코올 중독이 많은 나라입니다만, 루모아네 박사의 연구에 의하면 알코올 중독의 엄마에게서 태어난 아기는 몸이 작고 심장, 눈, 귀, 입에 이상이 있는 경우가 많았다고 합니다. 그리고 그 후 지능의 발육도 좋지 않았다고 합니다.

또한 미국에서도 '태아성 알코올 증후군'이라는 선천성 장애의 예가 나타난 일이 있었습니다.

꺼억! 선천적인 알코올 중독으로 만들고 싶어요?

멜빌 박사는 알코올 중독의 엄마에게서 태어난 26명의 아기를 조사하여 다음과 같이 높은 비율로 선천성 장애가 발생한 사실을 발표하였습니다.

▶ 발육, 성장 : 태내 성장 불충분 91%,
　　　　　　　　분만 후의 성장 불충분 95%, 소두증 88%
▶ 눈 : 눈꺼풀이 찢어져 있음 60%, 기타 이상 50%
▶ 얼굴 : 귀의 이상 60%
▶ 기타 : 관절의 이상 73%, 심장기형 50%

아버지가 과음을 해도 아이의 뇌에 영향이 없는가

우리나라에서는 유럽과 같이 여성의 알코올 중독이 많지 않지만, 여성이 술을 마시는 습관이 담배와 마찬가지로 증가 경향이 있는 것은 확실합니다.

그렇다고 해도 업무상 교제에서 술을 마시는 기회나 양은 남성이 압도적으로 많습니다.

'아이가 지능이 조금 부족한 것은 아버지가 애주가이기 때문' 이라고 예로부터 말해집니다. 남성의 술은 괜찮을까요.

아버지의 태아에 대한 영향은 유전자뿐이므로, 알코올 중독이 유전자에 어떠한 악영향을 초래하는지는 아직 확실히 알려져 있지 않지만, 아버지보다 오히려 엄마가 알코올면에서는 직접 관계가 있습니다.

단, 잠자리에서 맥주 1컵이나 소주 1잔 정도라면 상관없습니다. 그것으로 잠이 잘 온다거나 스트레스가 풀린다면 무리하게 완전히 금주할 필요는 없습니다.

단, 부부싸움으로 술을 마시는 것은 곤란하겠지요.

18 이런 기호품도 아기의 뇌에는 크게 해롭다

카페인을 함유한 커피나 녹차는 피하자

술이나 담배처럼 커피에도 습관성이 있습니다.

일을 하는 여성들은 아침에 일찍 일어나 진한 블랙커피를 1잔, 오전 10시와 오후 3시의 커피타임에 1잔씩, 점심식사에도 1잔. 이런 식으로 하루에 5잔 정도 마시는 사람도 드물지 않습니다. 그리고 임신한다 해도 그 습관은 좀처럼 버리지 못합니다.

그러나 커피에 함유되어 있는 카페인은 사람의 경우에는 뱃속의 아기에게 장애를 일으킬 우려가 강하기 때문에, 미국의 FDA(식품의료국)에서는 임신 중에 커피를 마시지 않는 것이 좋다고 권고하고 있습니다.

커피도 술과 마찬가지로 한도가 문제입니다. 완전히 끊을 필요는 없지만 보통 때보다 줄여 마시는 정도의 주의는 필요합니다. 커피를 마시지 않으면 입이 심심하다는 사람은 가급적 진한 커피를 피해야 하겠지요.

원두커피같이 카페인이 진한 것은 피하고 인스턴트 커피 같은 것이 좋습니다. 인스턴트는 의외로 카페인의 함유량이 적어 원두커피의 절반 이하입니다.

주의해야 할 것은 홍차나 콜라, 초콜릿에도 카페인이 상당히 포함되어 있다는 것입니다. 특히 취침 전에는 금물입니다. 뱃속의 아기를 위해서도 엄마의 안정된 수면이 필요하므로 불면증이 되어서는 안 됩니다.

향신료나 염분도 가능한 한 피해야 한다

후추나 고춧가루와 같은 향신료에 대해서는 크게 신경 쓸 것은 아니지만, 역시 평소보다 피하는 것이 좋습니다. 그것은 뱃속을 자극하여, 임신 중에 부풀어 오른 자궁 때문에 장이 압박되어 변비가 되는 경향이 있고, 치질이 되기 쉽기 때문입니다. 매운 것이 치질을 일으키기 쉽다는 것은 잘 아실 것입니다.

그러나 향신료는 식사를 맛있게 하고 식욕을 증가시키는 효과가 있으므로, 향신료를 뺄 필요는 없습니다. 오히려 소량이라면 사용하는 것이 좋습니다.

마찬가지로 소금도 그렇습니다. 짠맛이 전혀 없는 식사는 맛이 없지만, 저녁식사에 짠 것을 너무 먹으면 자기 전에 물을 많이 마시게 되고 밤중에 빈번하게 화장실에 가거나 하여 숙면이 불가능합니다. 또 임신 후기에 생기기 쉬운 부종이 생겼을 때에는 짠 것을 먹고 차 등을 마시는 것은 절대 금물입니다.

단 것을 너무 먹는 것은 절대 금물이다

뱃속의 아기에게 위험한 것은 단 것(주스나 과자)을 너무 많이 마시거나 먹는 것입니다. 이것들을 먹으면 혈액 속의 혈당치가 올라가 공복감이 없어져 식사를 할 수 없게 됩니다.

그런데 단 것은 당분, 즉 칼로리뿐으로 아기의 발육에는 전혀 도움이 안 됩니다.

식사가 부족하면 아기의 발육, 특히 뇌의 발육에 필요한 단백질이나 인, 비타민류가 충분하게 엄마의 몸 안에 섭취되지 않기 때문에, 아기에게 공급이 적어지게 됩니다. 그러면 큰일이겠지요.

또 엄마 자신도 임신 중에는 평소보다 당뇨병 같은 것이 걸리기 쉬워지기 때문에, 단 것을 너무 먹는 것은 백해무익합니다.

치아도 아기에게 칼슘분을 빼앗겨 약해지므로, 이 시기에 치아가 나빠지는 경우도 많습니다.

19 주의 – 동물에게는 태아의 뇌를 침범하는 병원체가 가득하다

스테이크를 먹는다면 완전히 익힌 것으로 먹어야 한다

임신 중에 스테이크를 먹는다면 덜 익은 고기가 아닌 완전히 익힌 것으로 먹어야 합니다.

그 이유는 달리 영양면에서가 아니라, 덜 익은 고기에는 톡소플라즈마라는, 동물에서 전염되는 무서운 병원체가 있을 위험이 있기 때문입니다.

임신 중에 톡소플라즈마의 항체가 없는 여성은 항체가 생길 때까지 2~3주는 걸리기 때문에, 그동안에 엄마의 혈액 안에 톡소플라즈마가 증가하고, 그것이 태반을 통하여 뱃속 아기의 몸에 들어갑니다.

그러면 저항력이 약한 아기는 임신 초기에는 사산되는 경우가 많고, 중기 이후에는 뇌의 발육에 장애가 일어나 수두증이나 소두증 등의 아이가 태어날 위험이 있습니다.

톡소플라즈마는 충분히 불에 익히지 않은 고기에서도 감염되지만, 가장 많은 원인은 개나 고양이, 새 등의 애완동물에서 전염됩니다.

뇌의 발육을 방해하는 '톡소플라즈마' 로부터 태아를 보호하자

톡소플라즈마는 적리(이질의 일종)를 일으키는 아메바와 같은 가장 원시적인 동물로, 애완동물에 기생하고 있습니다. 이것이 애완동물의 몸이나 배설물을 통해 엄마에게 옮아도 곧 강한 항체가 생겨 엄마 자신은 병이 걸리지 않습니다.

그러나 뱃속에서 뇌나 그 밖의 기관을 열심히 만들어내고 있는 아기에게는 무서운 장애를 초래합니다.

장애는 뇌에서 가장 잘 일어납니다. 톡소플라즈마가 뇌의 발육을 방해하기 때문입니다.

수두증이라는 것은 뇌 안에 척수액이 고여 뇌가 이상하게 부풀어 오르는 것으로, 식물인간이 될 수도 있습니다. 또한 소두증은 뇌의 발육장애 때문에 뇌가 작은 것입니다. 뇌 안에 척수액이 너무 많아 뇌의 발육이 충분하지 못하여, 뇌가 보통의 반 정도밖에 되지 않는 무서운 지적장애가 됩니다.

우리나라에서는 아직 예가 적지만, 생활양식이 서구화됨에 따라 애완동물이 늘고 육식의 기회가 많아짐에 따라 증가하는 경향이 있습니다.

임신한 여성도 오랜 기간 애완동물을 길러 이미 항체를 만들어 낸 사람은 톡소플라즈마가 침입해 와도 해치워버리기 때문에 걱정은 없습니다.

귀여운 애완동물과는 잠시 이별하자

문제는 풍진과 같이 아직 감염된 일이 없고 항체가 만들어져 있지 않은 엄마입니다.

결혼한 후에 남편이 애완동물을 키우고 있었다든지, 결혼해서 임신 전에 애완동물을 키우는 경우가 가장 위험합니다.

예절을 걱정해서인지 부모님은 젊은 딸이 개나 고양이에게 키스를 하면, '이상한 병이라도 옮으면 어쩌려고' 하고 야단을 칩니다.

그러나 그것은 반대로 사람이 그 때문에 발병하는 일은 없으므로 오히려 빨리 감염되어 항체를 만들어 주는 것이 좋습니다.

처음 감염이 위험한 것은 임신 중일 때뿐입니다. 그러므로 자신의 집에서 애완동물을 키우고 있는 사람은 우선 항체혈청검사를 받으십시오. 그리고 음성이라면 임신 중에는 근처에 맡기는 것입니다.

귀여운 애완동물들과는 잠시 이별입니다. 뱃속의 아기를 위해서는 어쩔 수 없겠지요.

또한 애완동물을 기르고 있는 집을 방문하는 것도 고려해야 합니다.

물론 동물원에 놀러 가는 것도 금물이겠지요.

톡소플라즈마는 가축의 배설물에서 옮는 것도 있으므로 야채는 잘 씻어먹는 주의가 필요합니다.

20 뱃속의 아기는
부부싸움도 듣는다

태아는 유리 깨지는 소리에도 몸을 떤다

옛날에는, 아기는 태어날 때까지 소리를 듣지 못하고 볼 수도 없다고 생각했습니다.

그러나 최근 초음파를 사용하여 뱃속 아기의 동작을 바로 볼 수 있게 되자 놀라운 것을 알게 되었습니다.

뱃속의 아기는 6개월이 지나면 밖의 소리에 민감하게 반응하게 됩니다. 이미 청각이 발달된 것이지요.

예를 들어, 유리가 깨지는 날카로운 소리에는 깜짝 놀라 몸을 움직이고, 심박수(1분간 심장이 동계(動悸)를 치는 소리)가 빨라집니다. 사람이 외치는 소리에도 같은 반응을 합니다.

한편 조용한 음악, 예를 들어 모차르트나 하이든, 비발디와 같은 클래식 음악을 들려주면, 일단 빨라졌던 심박수도 원래대로 돌아와 안정됩니다. 몸의 움직임도 적어집니다.

확실히 뱃속의 아기는 유쾌한 음과 불쾌한 음을 들어서 알 수 있는 것이지요.

뱃속의 아기가 듣는 소리는 엄마 뱃속의 피부나 지방, 자궁의 막, 그리고 양수를 거쳐 들리는 소리이기 때문에 우리들이 듣는 소리보다도 훨씬 둔탁한, 마치 물 속에서 듣는 듯한 소리로 들립니다. 그렇다고 해도 우리들이 불쾌하게 느끼는 소리는 뱃속의 아기에게도 불쾌하게 들리고, 유쾌함을 느끼는 소리는 마찬가지로 유쾌하게 들리는 것입니다.

뱃속의 아기는 이미 훌륭한 어른입니다.

그러므로 불쾌한 소리에 대해서 확실하게 스트레스를 나타냅니다. 태아에게 스트레스가 가해지면, 뇌의 건강한 발육이 방해되거나 성격형성에 관여하는 호르몬의 분비 구조(이것도 뇌 안에 있습니다)가 정상적으로 자라지 않거나 하여 비뚤어진 성격이 될 가능성도 있습니다.

사람의 성격 대부분은 태아일 때와 3세일 때까지의 환경에 의해 결정된다는 학자도 많습니다.

또한 임산부가 짜증이 나서 스트레스가 가해지면 콜티존이라는 호르몬의 분비가 많아집니다. 콜티존이 많아지면 뱃속의 아기에게 선천성 장애를 일으킬 위험이 높아집니다.

예로부터 전해온 태교는 이러한 의미에서 바른 것입니다.

임신 중의 부부싸움은 금물입니다. 태아가 그것을 듣고 스트레스를 받음과 동시에, 엄마의 스트레스의 영향도 가해져 이중의 장애를 일으킬 수 있습니다. 금세 화를 내게 되면 머리 좋은 아이를 바랄 수 없습니다.

바흐의 'G선상의 아리아'의 리듬은 엄마와 심박수가 같다

조용한 클래식 음악을 듣는 것은 반대로, 이중의 의미에서 뱃속의 아기에게 좋은 영향을 줄 것입니다.

아기 자신도 휴식할 수 있고 엄마도 휴식을 하여 감정이 안정됩니다.

임신 중에는 호르몬의 균형이 보통과 달라 신경질적이 되고 작은 것으로도 싸우는 일도 많은데, 감정이 안정되면 그런 일도 없어집니다.

소음이 많은 방은 피하고, 조용한 클래식 음악을 흐르게 하는 것이 좋습니다.

어른이 좋아하는 재즈나 록은 자극이 너무 강합니다.

아기가 항상 듣고 있는 소리는 엄마의 심장소리입니다. 이것이 가장 편안한 느낌을 주는 소리임에는 틀림없지요. 그 증거로, 태어난 직후의 아기는 아무리 울다가도 엄마의 가슴 위에 올려주면 안정되어 쿨쿨 잠들어 버립니다.

클래식 음악이 태교에 좋은 것도 엄마의 심박수 약 72와 리듬이나 템포가 비슷하기 때문입니다.

육아용품 메이커가 주최한 태교 콘서트에서는 모차르트의 '아이네 클라이네 나아트 뮤직', 바흐의 'G선상의 아리아', 하이든의 '안단테 칸타빌레'가 연주되었습니다.

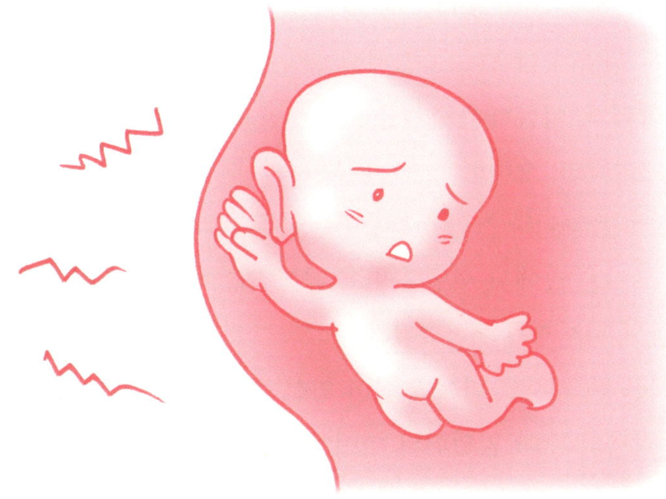

21 태교는
태아교육이 아니다

임신 중에 어려운 책을 읽으면 역효과를 낳는다

태교를 하는 것이 좋다는 것을 알고 있어도, 그 의미를 잘못 알고 있는 엄마가 많습니다. 클래식 음악을 듣고 있으면 음악을 좋아하는 아이가, 아름다운 그림을 보고 있으면 그림을 잘 그리는 아이가 될 것이라고 오해하고 있습니다.

확실히 음악이나 그림을 감상하는 것은 매우 좋습니다.

단, 그것은 앞에서 설명한 바와 같이 민감하게 스트레스를 느낀 태아를 휴식시키기 위함입니다.

아이를 꼭 의사로 만들고 싶어 임신 중에 파스퇴르와 같은 의학자의 전기를 많이 읽었더니 아이가 의과대학에 합격했다는 말이 있었습니다. 그러나 이것은 단순한 우연일 뿐이라고 생각합니다.

태교란 것은 어디까지나 엄마가 받는 스트레스를 얼마나 없애는가에 있습니다. 그러한 의미에서는 최근에 자주 읽지 않은, 어려운 책을 읽는 것은 스트레스가 늘어나 역효과가 될 것입니다.

어떤 여류작가는 임신 중에 어려운 책을 읽었더니 머리가 깨질 듯이 아팠다고 합니다.

임신 중에는 아기를 키우기 위해서 몸의 에너지의 대부분을 섭

취하고 있기 때문에 지적활동에는 관심을 두지 않는 사람도 있습
니다.

　독서를 좋아하는 여성에게는 무겁지 않은 유머소설을 추천합니
다. 유머는 무엇보다도 가장 먼저 감정을 안정시키는 것이기 때문
입니다. 텔레비전도 스릴러나 심각한 홈드라마 같은 것은 스트레
스를 일으키기 때문에 피해야 합니다. 전에, 드라큘라 공포영화를
보러 가서 졸도하고, 그 때문이었는지 몰라도 유산한 여성이 있었
습니다.

태교란 임신의 정서를 안정시키기 위한 수단이다

태교를 위해서 보고 싶지도 않은 책을 읽을 필요는 없습니다.

하루에 최소한 이 정도는 태교의 시간으로 해야지 하고 작정할 일이 아닙니다.

자신이 하고 싶을 때에 하고 싶은 것을 하는 것, 만화가 읽고 싶으면 만화를 읽으면 됩니다. 자신의 마음의 움직임을 중요하게 할 것입니다.

이것저것 타인의 의견에 귀를 기울이고 육아서를 늘 참고하는 것은 어리석은 일입니다.

엄마가 되는 것이라고 마음을 단단히 먹고, 현명하게 자기 컨트롤을 하는 것입니다.

정서가 풍부한, 안정된 엄마에게서야말로 풍부한 감정과 재능을 가진 아기가 태어나는 것입니다.

22 임신 중의 섹스는 뱃속의 아기도 환영한다

부부간의 싸움은 아기의 뇌에 큰 혼란을 준다

임신 중의 스트레스는 뱃속의 아기에게 큰 혼란입니다.

스트레스의 원인에 부부싸움이 있는데, 그 계기는 부부 사이의 성의 부조화로 인한 것이 꽤 많습니다.

여성은 임신을 하면 성욕이 떨어지지만 남편은 그렇지 않습니다. 부인이 성적으로 소극적이 됨으로써 남편은 욕구불만이 되고, 화를 내거나 귀가가 늦어지거나 합니다.

또 반대로, 여성의 생리에 대해서 이해가 불충분하여 필요 이상으로 불안해하는 남성도 있습니다.

그중에는 부인이 섹스를 원해도 유산을 염려하여 남편이 반대하는 경우도 있습니다.

부인은 '조금도 알아주지 않아' 하며 화를 내고, 이어 싸움을 하게 됩니다. 악순환이지요.

뱃속의 아기야말로 대혼란입니다.

둘의 싸움으로 스트레스를 느껴 뇌에 중대한 영향을 받을지도 모르는 것입니다.

과격한 체위가 아니라면 아기에게 전혀 영향이 없다

여성의 성욕에는 주기적인 변화가 있다고 알려져 있습니다.

예를 들어, 월경 직전, 월경 중, 월경 직후에는 성욕이 높아지지만, 이것은 난포 호르몬과 황체 호르몬이 적어지는 것이 원인입니다.

이 호르몬이 많은 시기에는 반대로 성욕이 낮아집니다.

임신 중에는 이 호르몬이 늘어나기 때문에, 여성의 성욕은 보통 때보다 떨어집니다.

그렇다고 해도 섹스라는 것은 여성의 성욕에만 지배되는 것이 아니라, 남성의 성욕, 혹은 남편과의 애정 등에 의해 행해지는 것이므로, 횟수는 줄어도 규칙적으로 하는 것이 좋습니다.

임신 중의 섹스가 뱃속의 아기나 모체에 영향을 주지 않을까 하고 걱정할 필요는 없습니다. 과격한 섹스가 아니라면 상관이 없다는 뜻이지요.

단, 임신 36주째에 들어서면 조산의 우려가 있으므로 조심해야 합니다. 이때는 아기를 압박하는 체위를 피해야 하겠지요..

그러나 여성이 즐겁고 부담을 느끼지 않는 체위라면 아기에게도 영향은 없습니다.

임신 각기의 성교횟수

1주간의 성교횟수	임신 전 (대조)	임신 전기	임신 중기	29~32주	33~36주	37~40주
없음	0 %	2 %	2 %	11 %	23 %	59 %
1	7	11	16	23	29	19
2~5	81	78	77	63	46	23
6회 이상	12	9	5	2	2	1

23 아기의 뇌를 손상시키지 않는 출산을 위한 훈련법

난산은 엄마의 골반이 좁다는 것 외에 임산부가 공포나 불안으로 근육을 너무 긴장시키는 일이 많기 때문에 생깁니다.

병원의 분위기나, 출산실의 번쩍이는 조명 등의 번뜩이는 기구, 의사와 간호사의 목소리는 임산부에게 불안과 공포를 주는 경우가 종종 있습니다. 프랑스의 프레드릭 르봐이예 박사는 그렇기 때문에 출산실은 약간 어둡고 조용한 상태로 해야 한다고 주장하고 있습니다.

출산 시 근육의 불필요한 긴장을 없애는 방법으로써 특수한 호흡법이나 의식적으로 힘을 빼는 훈련이 있으므로 여기에 소개하겠습니다.

▶ 얕은 호흡－출산할 때의 모양을 하거나 옆으로 눕습니다. 가볍게 입술을 열고 들이쉬는 숨과 내쉬는 숨이 같은 간격이 되도록 가볍고 얕게 호흡합니다. 배의 긴장을 풀기 위한 것입니다.

▶ 단촉 호흡－출산할 때의 모양을 합니다. 손을 가슴에 끼고 몸 천체의 힘을 빼고 하, 하, 하고 몇 회 작게 호흡합니다. 배의 힘을 빼 아기의 머리가 천천히 나

오게 하기 위한 것입니다.

▶ 근육이완법 — 팔꿈치와 무릎 등의 관절을 힘을 넣어 구부리고, 다음에 그것을 늘려 다운시킵니다. 그때 근육의 긴장감의 차이를 느껴 근육을 이완시키는 연습을 하는 것입니다.

3장

유아의 뇌는 쑥쑥 자란다

24 엄마야말로 아기의 뇌에 최고의 영양이다

생후 6개월까지 아기의 뇌는 2배로 급성장한다

아기는 태어날 때에 본능을 따르는 부분만이 완성되어 있고, 그 밖에는 아직 미완성입니다. 청각이나 피부 감각은 있지만, 눈도 아직 잘 보이지 않고 걷는 것은 물론 뒤집기조차 안 됩니다.

한편 소나 말은 태어나서 4~5시간이 지나면 일어나 걷습니다.

어째서 그러한 차이가 있는 것일까요.

사람의 아기는 모두 생리적인 조산이라 할 수 있습니다. 그것은, 사람은 호모 사피엔스(지혜가 있는 사람)라 불리는 것처럼, 뇌가 동물 중에서 최고로 발달하여 커진 덕택에, 뱃속에서 뇌가 완성되면 머리가 너무 커져서 엄마의 좁은 산도를 지날 수 없기 때문입니다.

아기의 뇌는 태어나서부터 급속도로 발육합니다. 태어날 때에는 뇌의 무게는 400g 전후이지만, 3세에는 1,100g, 10세에는 1,300g 이 되어, 성인 뇌의 95% 가까이 됩니다.

이 성장곡선을 보면, 생후 6개월까지가 가장 급한 곡선을 그리고 있는 것을 알 수 있습니다. 이 시기의 영양이 아이 뇌의 발육에 얼마나 중요한지는 말할 것도 없겠지요. 무엇보다도 뇌를 2배로 만들 영양이 필요한 것입니다.

결론을 말씀드리자면, 이 시기에 아기의 뇌뿐만 아니라 몸 전체의 발육에 있어서 엄마의 모유만큼 최고의 완벽한 영양은 없습니다. 우유에는 없는 비타민E도 풍부합니다.

그러므로 엄마는 특별한 일이 없는 한, 모유가 나오지 않거나, 병이 들거나 하지 않는 한, 분유에 의지해서는 안 됩니다.

가슴 라인이 무너진다거나 귀찮다거나 하는 이유로 힘들여 나온 모유를 주지 않는 것은 안 될 일입니다.

우유보다 엄마 젖이 좋아요!

어떤 우유도 모유에는 미치지 못한다

아기는 임신 9개월 때까지 컴퓨터로 말하면 트랜지스터나 반도체에 해당하는 4~5억 개의 신경세포가 분열을 끝내놓고 있습니다.

그러나 140억 개나 되는 뇌세포의 약 97%에 해당하는 글리어 세포는 아직 조금밖에 만들어지지 않았습니다.

태어나서 급속도로 늘어나는 것은 이 글리어 세포와 신경세포로부터 뻗어나가는 수상돌기입니다.

수상돌기는 뇌의 배선의 기본이고, 글리어 세포는 신경세포에 산소와 영양을 전달하는 역할을 합니다.

컴퓨터로 말하면 전원에 해당되지요.

수상돌기나 글리어 세포가 증가하기 위해서는 필수아미노산을 많이 포함한 질 좋은 단백질이 필요합니다. 이 양질의 단백질은 모유 안에 가득 들어 있습니다.

또한 그 단백질을 분해하여 아미노산으로 만드는 효소까지도 있습니다.

특히 모유가 나오기 시작해서 5일간의 모유(초유)는 우유보다도 고농도의 단백질이 있습니다. 이것은 영양보급의 역할 외에 병에 대한 항체를 아기에게 주지요.

그 후의 모유는 우유나 조제분유보다 단백질의 농도는 낮지만, 분유에 비하여 결정적으로 우수한 것은 그것이 사람이 만든 단백질로, 다른 동물의 단백질이 아니라는 것입니다.

사람의 아기에게는 사람이 만든 단백질이 가장 소화하기 쉽고 흡수도 빠릅니다.

소 등의 다른 동물 단백질은 아직 소화기능이 약한 아기에게는 소화하기에 매우 고통이 따릅니다. 소화불량을 일으키는 경우도 드물지 않습니다.

소화에 힘이 들면 그만큼 혈액이 위나 장에 집중됩니다.

모유를 준다면 뇌의 발육에 쓰일 산소나 영양이 다른 곳에 빼앗기는 것이지요.

25 회전이 빠른 두뇌를 보장하는 것도 모유의 힘이다

모유에 함유된 불포화지방산이 중요한 역할을 해준다

아기가 태어난 후 급속도로 증가하는 글리어 세포에는 신경세포에 대한 산소와 영양의 공급이라는 역할 외에도 또 하나 중요한 역할이 있습니다.

그것은 뇌의 배선에 해당하는 신경섬유, 즉 신경세포로부터 뻗어 나온 전선에 해당하는 것으로, 칭칭 감겨서 마치 전선을 고무나 플라스틱으로 덮는 것과 같은 역할을 하고 있는 것입니다.

이 역할을 하는 글리어 세포는 세포 안에 지질(지방)을 많이 가지고 있습니다. 지질은 전기를 통과하지 않기 때문에 절연하기에 좋은 재료가 됩니다.

신경섬유를 따라서 약한 전류가 흐르고 있습니다. 이 전류로 신경세포끼리의 교신이 행해지는 것입니다.

글리어 세포가 정상적으로 증가하기 위해서는 많은 지방이 필요합니다. 그리고 나오기 시작해서 6일째 이후의 모유는 아기에게도 흡수가 빠른 불포화지방산을 많이 함유하고 있습니다.

모유 지방분 중의 48.8%가 불포화지방산입니다. 그러나 우유에는 전체 지방분의 34.6%밖에 없습니다.

모유가 아기 뇌의 맨몸인 배선을 덮기 위해서 얼마나 중요한 역할을 하는지 아실 것입니다.

머리의 회전을 좌우하는 수초(髓鞘)는
3세까지 70%가 만들어진다

아기 뇌는 태어날 때에 기본적인 배선은 만들어져 있지만, 그 배선, 즉 신경섬유의 대부분은 맨몸입니다.

신경섬유를 따라 펄스전류가 흐르고 있습니다.

이것은 순간적으로 흐르거나 흐르지 않는 전류입니다. 이러한 전류는 긴 거리를 흘러 강도가 약해져도 정확하게 신호를 전달할 수 있습니다.

왜냐하면 이 전류는 강약의 정도로(아날로그적으로) 신호를 전달하는 것이 아니라, 흐르는지 아닌지 분간할 수 없게(디지털적으로) 신호를 전달하기 때문입니다.

4억에서 5억 개나 있는 신경세포는 이 펄스전류에 의해 서로 신호를 전달하고 있습니다.

그러나 사람의 몸속은 약한 염분을 포함한 물의 탱크로 생각해도 좋을 정도이므로, 맨몸의 배선으로는 전류가 밖으로 새어버려 쓸모가 없어집니다.

뇌라는 컴퓨터는 잘 움직이지 않습니다.

둔한 사람은 어른이 되어서도 뇌의 배선의 절연이 완전하게 이루어지고 있지 않은 사람일지도 모릅니다.

실험을 해보면, 커버가 없는 맨몸의 신경섬유에서는 신경전류가 전달되는 속도는 1초간 1미터인데, 커버(수초(髓鞘)라고도 합니다.)가 있는 신경섬유에서는 초속 100미터나 됩니다. 신경세포는 수족으로 뻗어 있는 것이 길이가 1미터 정도이지만, 뇌 속은 복잡한 배선이 얽혀 있어 전체 길이로 말하면 몇 백 미터나 됩니다.

사람은 글리어 세포의 커버가 있어야만 빠른 운동력이나 회전이 빠른 두뇌를 가질 수 있습니다.

수초는 3세까지 약70%, 10세가 되면 90% 완성됩니다.

그러나 고도의 지적활동에 관계하고 있는 대뇌의 전두엽, 측두엽에서는 20세가 넘어도 아직 완성되지 않습니다. 그러므로 뇌의 훈련은 어른이 되어서도 필요한 것입니다.

아기가 젖만 먹고 있는 시기, 생후 3~4개월은 사람의 기본적인 지능이나 운동을 따르는 부분의 수초가 생기는 시기입니다.

이때의 영양이 아기 뇌의 발육에 있어 얼마나 중요한지, 그리고 그 영양이 불포화지방산을 가득 함유한 모유에 비할 것이 없다는 것을 아시겠지요.

엄마의 젖에는 놀랄 만한 힘이 있다고요!

26 안심 – 모유는 반드시 나오는 것이다

모유가 나오기 시작하는 것은 산후 48~76시간 후이다

흔히 오해하고 있는 것인데, 엄마의 젖은 아기가 태어나고 바로 나오는 것이 아닙니다. 가득 나오기 시작하는 것은 48시간에서 76시간 후입니다.

이것은 할머니들과 함께 살던 옛날에는 누구나 알던 것이지만, 최근에는 핵가족화 되어 기본적인 생활의 지혜가 없어진 것일 수도 있습니다.

'아기가 태어났는데 젖이 안 나온다' 라고 충격을 받는 엄마도 꽤 많을 것입니다.

출산이라는 큰 역할을 끝내고 흥분한 엄마가 이런 쓸데없는 걱정을 하면 스트레스가 더해져 나올 젖도 안 나오게 됩니다. 젖이 나오도록 하는 것은 뇌하수체 전엽에서 나오는 프로락틴과 후엽에서 나오는 옥시토신이라는 호르몬인데, 스트레스가 있으면 호르몬의 균형이 무너지기 때문입니다.

그러나 호르몬만으로 젖이 나오는 것은 아닙니다. 아기가 유두를 물고 강하게 압박하는 자극이 있고 나서야 유선에 모여 있는 신경세포에서 그 자극이 뇌에 전달되어 젖을 분비시키는 호르몬(프로락틴)이나 유선에서 젖을 밀어내도록 지령하는 호르몬(옥시토신) 등의 분비를 촉진합니다.

그러므로 처음에는 젖이 나오지 않아도 우선 아기에게 유두를 물려야 합니다. 그렇게 하지 않으면 스트레스와 자극이 없어서 모유가 나오지 않는 경우도 있어 분유에 의존해야만 하게 됩니다.

엄마! 기다리고 있으니까 재촉하지 말고 만들어 주세요

유두를 물리는 것은 수유를 위해서만은 아니다

아기는 울음소리를 울리고 바로 잠들어 버립니다. 2~3시간 지나 눈이 떠져 울지만, 유두를 물리면 또 잠이 듭니다. 이럴 때에 엄마 중에는 '이 아이는 조금도 젖을 빨지 않네' 하며 걱정하는 사람도 있습니다.

그러나 그 걱정은 쓸데없는 것입니다. 아기는 유두를 물고 엄마의 부드럽고 따뜻한 피부를 느끼며, 뱃속에 있던 때와 같은 포근한 엄마의 심장소리를 듣고 안심하고 있는 것입니다.

또한 아기가 물어도 자신의 젖이 많이 나오지 않는 것을 걱정하여 '분유로 해주세요' 하고 부탁하는 엄마들도 있는데, 그것은 너무 성급한 것으로, 젖이 충분히 나오기 시작하는 시기는 개인에 따라 차이가 있는데, 조급하게 분유로 바꾸면 아기가 유두를 빠는 자극이 없어집니다.

결국 반대로 모유가 안 나오게 되어 이도저도 안 되게 됩니다.

태어난 후의 아기는 2~3일 동안 영양을 전혀 공급해 주지 않아도 장애를 일으키지 않습니다. 젖이 나오기를 기다리는 것입니다.

아기에게 유두를 물리는 것은 젖을 나오게 하는 자극 외에 아기 자신을 위해서도 매우 중요한 스킨십을 주는 것입니다.

아기는 태어난 직후라도 볼에 닿거나 입가에 닿으면 목을 그쪽으로 돌려 입을 열고 혀를 내밉니다. 그리고 손가락이나 무엇으로나 입술에 닿는 것을 빨아들입니다.

이것은 아기가 본능적으로 알고 있는 엄마의 유방을 구하는 반사운동입니다.

또한 똑바로 누워 있는 아기의 어깨 아래에 손을 돌려 조금 올린 다음에 손을 풀면 양팔을 벌려 안으려는 반사운동을 합니다. '모로 반사'라는 아기의 기본적인 행동입니다.

또한 손바닥이나 발바닥을 쿡쿡 찌르면 손가락을 안쪽으로 굽혀 꼭 쥐는 동작을 합니다.

이것은 원숭이의 새끼와 마찬가지로, 엄마의 털에 붙어 이동해 온 수상생활의 잔존입니다.

아기는 온몸으로 엄마와의 스킨십을 구하고 있지요.

27 신생아의 뇌를 키우는 것은 엄마의 스킨십이다

목소리, 심장소리, 냄새, 피부접촉이
신생아의 대뇌에 자극을 준다

태어난 직후의 아기는 아직 눈도 잘 보이지 않습니다. 뇌의 조직은 완성되었지만 그것을 시각으로 잡아내는 뇌의 배선이 아직 완성되어 있지 않기 때문입니다.

시각뿐만 아니라 지능을 만드는 배선도 아직 대부분 만들어져 있지 않습니다. 이 배선은 4~5억 개의 신경세포에서 뻗어나온 '수상돌기'가 얽혀서 만들어지는 것인데, 적당한 자극이 없으면 발육하지 않습니다. 스포츠로 근육이 발달되는 것과 같지요.

눈이 보이지 않는 아기는 어떠한 자극을 받아들일까요. 피부 감각과 청각, 그리고 후각입니다.

아기는 우선 젖을 먹을 때에, 입술과 그 근처에서 엄마의 유두와 부드러운 유방의 촉감이라는 자극을 받습니다. 그로부터 전신으로 받아들이는, 따뜻하고 부드러운 엄마의 몸의 촉감이 있습니다.

그리고 귀에는 엄마의 뱃속에서 들은 것과 같은 리드미컬한 심장소리가 들립니다. 엄마가 말을 거는 부드러운 소리도 들립니다.

물론 말의 의미는 알지 못하지만, 소리의 분위기에서 자신을 사랑하고 중요하게 보호해 줄 것은 알 수 있습니다.

이러한 스킨십이 아기에게 깊은 안심감을 주고, 정서를 안정시
킴과 동시에 대뇌 안의 배선을 점점 발육시키는 더할 나위 없는 자
극이 됩니다.

아기에게는 태어나서 바로 이 스킨십이 필요합니다.

그러므로 질병의 감염방지를 이유로 하거나, 혹은 간호사의 부
족으로 아기를 신생아실에 계속 두어 엄마에게 수유도 시키지 않
고 분유만으로 키우는 산후조리원이 있다면 처음부터 멀리하는
것이 좋습니다.

스킨십이 부족하면 뇌의 발육에 중대한 영향을 준다

만약 스킨십이 없으면 아기의 지능과 정서의 발육이 어떻게 될
까요. 많은 예가 있지만 2~3개를 들어보겠습니다.

미국의 동물행동학자 할로우 부부는 태어난 직후의 붉은털원숭
이의 새끼를 엄마 원숭이로부터 떨어뜨려 혼자서 자라게 했습니
다. 그러자 그 새끼 원숭이는 성장해서도 적극성이 없고 멍하고 우
울한 눈으로 밖을 보는 일이 많았습니다. 또한 스스로 자신의 몸에
얽히는 이상한 행동을 했습니다.

여기에 사람의 예도 있습니다.

1965년에 미국의 뉴욕 주에서 식도가 제대로 되어 있지 않은 아

이가 태어났습니다. 태어나서 바로 위에 구멍을 내고 튜브로 영양을 공급하게 되었습니다.

엄마에게 튜브의 사용방법을 가르쳐 퇴원시켰는데, 엄마는 튜브가 벗겨질까 걱정되어 15개월간 한 번도 아기를 안은 적이 없었습니다.

엄마는 아기를 매우 귀여워하며 세심한 주의를 기울여 키웠지만, 15개월이 지나도 아기는 보통 아기의 8개월 정도의 크기로 발육이 매우 나쁘고 운동기능의 발육도 늦었습니다.

또한 극단적인 우울 상태로 건강하지도 않으며, 언제나 슬픈 얼굴을 하고 잘 뿐이었습니다.

스킨십의 부족이 정서와 지능, 또한 몸의 발육까지 늦춰버린 것입니다.

아기가 받아들이는 스킨십 감각은 대뇌의 시상하부에 작용하여 정서를 안정시키는 호르몬 분비의 움직임을 발육시킵니다.

반대로 스킨십이 부족하면, 아기는 언제나 불안하고 욕구불만인 상태에 놓이기 때문에 화나 폭력을 부르는 호르몬 분비의 움직임이 불균형적으로 발육하게 됩니다.

스킨십이 부족한 원숭이는 매우 정서가 황폐하였습니다.

계속 끊이지 않는 학교폭력도 아기 때의 스킨십 부족이 하나의 원인일 것입니다.

보이지 않아도 엄마를 잘 알아요

28 머리 좋은 아이로 키우고 싶다면 생후 6개월까지 산휴를 해야 한다

불안이나 스트레스는 아기 뇌의 발육에 있어 큰 적이다

아기의 스킨십 상대가 이론적으로는 누구라도 좋지만, 아기는 후각이 가장 먼저 발달하여 냄새에 민감하기 때문에 자주 스킨십의 상대가 바뀌면 냄새가 다른 상대라고 알아채게 되어 불안해합니다. 스트레스를 받는 경우도 있겠지요.

불안이나 스트레스는 아기 뇌의 발육에 매우 큰 적이므로, 생후 6개월 정도까지는 정해진 상대가 있는 것이 좋습니다.

물론 엄마가 아니라 할머니라도 좋지만, 역시 본능적으로 자신의 아기에게 깊은 애정을 갖는 엄마에게 비할 수는 없습니다.

최근에는 일하는 여성이 늘어, 아기를 낳아도 좀처럼 장기간의 산휴를 얻을 수 없는 직장도 있습니다.

따라서 어쩔 수 없이 아기를 영아원 같은 곳에 맡기고 직장에 복귀하는 엄마도 꽤 많은데, 그것은 다시 생각해 볼 문제입니다.

아무리 조건이 갖추어진 영아원이라도 아기 1명에 대해서 1명의 보육사가 있는 것은 아닙니다.

보육사는 교대로 몇 명의 아기를 받아 안고, 바쁜 경우가 많으므로 아기에게는 영아원에 맡겨지는 동안에 스킨십의 횟수가 적은

데다가 계속 상대도 바뀌는 것입니다.

그러므로 머리가 좋은, 건전한 아이로 키우기 위해서는 무슨 일이 있어도 생후 6개월은 산휴를 쓰는 것이 좋습니다.

의학적으로 보아도 출산 직전까지의 일은 격무가 아닌 한 괜찮으므로, 가능하면 산휴는 산후에 모아서 쓰는 것이 좋습니다.

잠시만 엄마를 독점할 거니까요

동물학자의 실험이 가르쳐준 '엄마'의 소중함

도나우 강에 가까운 오스트리아의 어느 마을에서 마을사람들은 종종 재미있는 광경을 보게 되었습니다.

동물학자인 콘라트 로렌츠 박사가 산보하는 뒤를 10마리의 잿빛 기러기 새끼가 따르고 있었습니다. 새끼 기러기는 박사를 엄마로 믿고 뒤따라 걷고 있었던 것이지요.

잿빛 기러기뿐만 아니라 일반적으로 새의 새끼는 태어나서 최초로 본, 자신보다 크고 움직이는 것을 '엄마'로 믿습니다. 그것은 다른 엄마 새가 아니라 만약 풍선이라도 마찬가지입니다.

실제로 부화기에서 부화시킨 집오리의 새끼에게 움직이는 풍선을 보여주면, 집오리 새끼는 그것을 엄마로 생각하고 뒤뚱뒤뚱 따라갑니다.

로렌츠 박사는 이 방법으로 잿빛 기러기의 새끼에게 자신을 엄마 라고 생각하게 한 것이었습니다. 새끼 기러기의 이 행동은 누구에게도 배우지 않은 본능적인 것입니다.

자연 속에서 새끼 기러기는 엄마 기러기의 날개 밑에서 부화되므로, 처음으로 보는 '크고 움직이는 것'이라면 100% 엄마로 정해져 있습니다. 따라서 이 본능은 매우 합리적인 것입니다.

로렌츠 박사는 이 새끼 기러기의 행동을 이미 새끼 기러기의 뇌 안에 각인되어 있다고 하여 '각인행동(임플린팅)'이라 이름을 지었습니다.

사람은 보다 복잡한 동물이므로 그 정도로 단순한 각인행동은 하지 않지만, 이 이야기는 엄마가 아기의 옆에 있는 것이 얼마나 중요한지를 가르쳐줍니다.

또 하나 붉은털원숭이의 이야기를 하겠습니다. 앞의 할로우 부부는 이러한 실험을 하였습니다.

새끼 원숭이가 태어나자 바로 엄마 원숭이로부터 떨어뜨려 2개의 '대리모'로 키웠습니다.

하나는 가슴에 포유병이 붙어 있어 언제나 젖은 먹을 수 있지만 철사로 만든 것, 또 하나는 포유병은 없지만 부드러운 천으로 만든 '대리모'였습니다.

새끼 원숭이는 배가 고플 때면 철사엄마에게 갔지만, 그 이외에는 천으로 만든 엄마에게 안겨 있는 일이 많았습니다.

그리고 놀 때에도 곰 인형 같은 것을 보이면서 놀리면 새끼 원숭이는 곧바로 천 엄마에게 날아가 안겼습니다.

아기에게 있어서 얼마나 엄마의 스킨십이 중요한가를 보여주는 이야기이지요.

29. 요람이나 높이 안아주는 것은 아기의 뇌를 자라게 한다

6개월까지의 유아에게 '안는 버릇' 이 들 염려는 없다

좋은 머리를 결정하는 뇌 안의 배선의 복잡한 얽힘은 아기가 태어날 때에는 거의 완성되어 있지 않고, 태어나서 3년까지 급속도로 발전한다고 설명하였습니다.

그리고 그것은 여러 가지 자극이 있어야 비로소 완성되는 것이라고 하였습니다.

따라서 머리가 좋은 아이로 키우기 위해서는 '자극이 많은, 풍부한 환경' 을 만들어 주는 것이 좋습니다.

아기 뇌의 발육을 위한 자극으로, 우선 중요한 것은 스킨십이라는 것을 아실 것입니다. 실은 또 하나 중요한 것이 있습니다.

이것은 스킨십의 일부라고도 할 수 있겠지만 아기를 '어르는' 것입니다.

아기가 보챌 때는 물론, 그뿐 아니라 가능한 한 안아 올려 전후로 흔드는 것입니다. 혹은 '요람' 에 넣어 리드미컬하게 흔들어 주는 것입니다.

또 4개월 정도 지나 아기가 목을 가눌 수 있으면 높게 올려주는 것도 아기의 뇌에 자극을 주어 머리 좋은 아이로 키우는 데에 연결

됩니다.

엄마들 사이에서 '안기는 것이 버릇이 된다, 안 된다' 하고 논쟁이 자주 있는데, 6개월까지의 유아에게 '안기는 버릇'이 들 걱정은 없습니다. 그러나 아직 목을 가누지 못하는 아기를 심하게 흔들거나 하면 안 됩니다. 목이나 머리에 장애를 줄 우려가 있습니다.

잠만 자는 아기는 뇌의 발육이 늦어진다

아기의 뇌 안에서 가장 먼저 발달하는 것은 뇌간에 있는 전정계입니다. 이것은 몸의 위치, 즉 몸이 옆으로 되어 있는지 기울어져 있는지를 느끼는 부분입니다.

아기는 뱃속에서 양수에 떠 있을 때에 이미 그 지각을 가지고 있습니다. 엄마가 서거나 옆으로 눕거나 할 때 자신의 몸도 흔들리고 있다는 것을 알 수 있습니다. 이 자극을 느끼고, 아기는 만들어지고 있는 뇌에 신호를 보냅니다. 그것이 뱃속에서 뇌의 발육에 매우 중요합니다.

이것은 태어난 후에도 마찬가지입니다. 똑바로 누워 자기만 하면 아기는 위치 감각에 의한 자극을 받을 수 없습니다. 더구나 눈이 점점 보여도 누워만 있으면 2차원, 즉 가로 세로의 인식밖에 없습니다. 그러나 안아 일으켜 흔들어 주면 점점 3차원의 시각이 생기는 것입니다.

할로우 부부는 붉은털원숭이의 새끼를 이용하여 또 하나 재미있는 실험을 하였습니다.

부드러운 천으로 만든 대리 엄마 원숭이 2개를 준비하여 하나는 움직이지 않도록 고정하고, 하나는 전후로 흔들도록 하였습니다.

다음에, 한쪽은 따로따로 새끼 원숭이를 흔들어 주는 대리모, 한쪽은 흔들어 주지 않는 대리모에게 키우게 하였습니다. 결과는 움직이는 쪽에서 자란 새끼 원숭이는 정상이었지만, 움직이지 않는 쪽에서 자란 새끼 원숭이는 몸을 언제나 스스로 흔드는, 안정되지 않은 원숭이가 되었습니다.

이러한 실험에 왜 붉은털원숭이를 사용하는가 하면, 붉은털원숭이는 태어날 때부터 다른 원숭이에 비하여 천천히 뇌가 발육하기 때문에 사람의 아기와 비슷하기 때문입니다.

아기를 움직이지 않는 아기침대에 눕힌 채로 두는 것은 금물입니다. 아기가 지치지 않을 정도로 얼러주는 것이 얼마나 중요한지 아실 것입니다.

아기를 요람에 넣어 흔들어 주면 보채고 있어도 쌔근쌔근 잠이 듭니다.

몸이 리드미컬하게 움직이는 것이 아기의 뇌를 안정된 잠으로 부르기 때문입니다.

뇌의 발육에 있어 수면은 매우 중요하기 때문에 이것만으로도 효과가 있는 것이지요.

누워만 있으면 머리가 멍해져요!

30 수유중의 TV는 '머리 좋은 아이'를 포기하는 것이다

아기는 언제나 엄마의 얼굴과 목소리를 원한다

아기는 눈이 보이게 됨에 따라 엄마의 얼굴을 기억하게 됩니다. 2개월이 지나면 확실히 기억하여 엄마의 얼굴이 보이지 않으면 울거나 하기도 합니다.

엄마의 모습도 지금까지는 눈의 움직임만으로 따랐지만 목을 돌려 따라가려고 합니다.

1개월 반부터 엄마가 웃으면 미소로 응답하게 됩니다. 이것은 완전한 의식적 행동입니다.

이제까지는 자고 있을 때 입술이 풀려 미소짓는 듯이 보일 때가 있었지만, 이것은 예로부터 말하는 '무심의 웃음'으로 반사적인 것입니다.

이 시기에 엄마가 수유하면서 텔레비전을 보고 있다면 어떻게 될까요.

다른 곳을 향한 엄마의 얼굴이 아기에게 보이지 않고, 웃음도 주지 않으며, 말도 걸어 주지 않는 태도는 아기에게 말할 수 없는 불안을 줍니다.

또한 '웃어 주고 말을 걸어 주는' 이 시기에 아기 뇌의 발육에 가장 좋은 자극이 없어지게 됩니다.

아기를 안고 있을 때에 텔레비전을 보는 것은 엄마로서 실격이라 할 수 있겠지요.

신생아라도 사람의 얼굴인지 아닌지는 분간한다

아직 흐릿하게만 보일 때에도 아기는 엄마의 얼굴까지는 아니지만 사람의 얼굴과 그렇지 않은 것은 분간할 수 있습니다.

미국에서 이런 실험이 있었습니다.

태어나서 얼마 안 된 아기에게 눈, 눈썹, 코, 입이 제대로 그려진 그림과, 가면처럼 제대로 되지 않은 눈, 코, 입이 엉망으로 그려진 그림 양쪽을 보여주었습니다. 그러자 아기는 사람의 얼굴처럼 그려진 쪽을 계속 보고 있는 것이었습니다.

다른 실험에 따르면 중요한 것은 눈으로, 눈이 제대로 된 위치에 붙어 있지 않은 것은 바라보지도 않는 것이었습니다.

이것은 기러기의 새끼와 같이 태어나면서부터 뇌 안에 각인된 것인지 아닌지 잘 알 수는 없지만 아기는 태어날 때까지는 어두운 자궁 안에 있었으므로 사람의 얼굴을 기억할 리 없습니다.

그렇다면 무언가 본능적인 행동은 아닐까 생각됩니다.

엄마! 젖을 줄 때에는 다른 곳을 보지 마세요!

'말 걸기'나 '자장가'가 아기의 뇌를 발달시킨다

엄마가 아기에게 하는 대화는 아기 대뇌의 언어 중추를 발달시키기에 무엇보다 중요합니다. 가장 사람다운 자극, 그것은 말 걸기입니다.

스킨십은 원숭이에게도 있지만 언어에 의한 자극은 없습니다. 아기를 사람답게 하는 것, 그것은 엄마의 말 걸기에 의한 자극인 것입니다.

원래 원숭이의 사회에도 울부짖음에 의한 커뮤니케이션은 있습니다.

그러나 그것은 적이 온 것을 알리는 정도의 간단한 것으로, 사람의 말과 같이 복잡한 내용을 전달하는 것은 아닙니다.

아기는 언어의 의미는 몰라도 엄마가 내는 소리의 상황으로 무엇을 말하고 있는지 대충 이해하게 됩니다.

사람의 언어에는 의미가 있다는 것을 아는 것, 이것이 지능의 최초 단계인 것입니다.

자장가도 중요합니다. 자신이 마음에서 신뢰하고 있는 엄마가 노래하는 자장가는 더할 것 없는 자극입니다.

아기 때에 자장가를 잘 불러주지 않은 아이는 성장해도 음치가 된다는 연구도 있습니다.

31 아기를 고독하게 하면 뇌의 발육이 늦어진다

혼자서 자주 외출하는 엄마는 아기의 뇌를 나쁘게 한다

아기 뇌의 발육에 있어서는 사람다운 자극을 풍부하게 해주는 것이 무엇보다 중요합니다.

그런데 외출을 자주 하는 엄마가 있다면 어떨까요.

현재 늘어나고 있는 핵가족인 경우라면, 눈을 떠도 주변에는 아무도 없습니다. 방은 조용하고 정적만이 돌아옵니다. 아기는 아기 침대에 눕혀진 채로 천장이나 벽을 바라볼 뿐입니다.

울음소리를 내도 누구도 오지 않습니다. 보통 아기는 생후 1개월이 지나면 이제까지의 반사적이고 단조로운 울음소리와 달리, 같은 울음이라도 소리에 변화를 주어 여러 가지 요구를 합니다.

'배고파요' 라든지 '기저귀가 차가워요, 바꿔주세요' 하는 것 등입니다.

이것은 아기에게 있어 하나의 언어입니다. 그만큼 지능이 발달되는 것이지요.

그러나 모처럼의 노력도 반응하는 상대가 없다면 소용이 없습니다. 아기는 엄마와 커뮤니케이션의 기회가 줄어들고 그만큼 뇌의 발육이 늦어지는 것은 당연합니다.

생후 6개월 정도까지는 엄마가 가능한 한 아기의 옆에 있어 주는 것이 필요합니다.

'아기에게 사로잡혀 일도 할 수 없고 영화, 연극도 볼 수 없다'는 귀찮음도 있지만, 어쩔 수 없습니다. 하나의 생명이 온몸으로 엄마를 의지하고 있는 것입니다.

엄마도 온몸으로 응답해 주어야 하겠지요.

외출한다면 아기를 데리고 녹색이 많은 공원으로 가자

아기는 생후 1주일 정도까지는 어른과는 반대로 산소결핍에 대해서 저항력이 큽니다.

이것은 산도에서 잠시 산소결핍 상태가 되어도 살아남도록 자연이 준 능력이 아직 남아 있기 때문입니다.

그러나 그 저항력은 바로 없어지고, 산소결핍이나 일산화탄소 중독에 약해집니다.

어른의 경우에는 글리어 세포가 신경세포에 산소나 영양의 전달을 하고 있기 때문에 일산화탄소 등의 독물을 좀처럼 통과시키지 않습니다. 이것을 혈액-뇌 관문이라 합니다.

그러나 생후 6개월 정도의 아기에게는 글리어 세포가 아직 적기 때문에 저항력이 약한 것입니다.

따라서 생후 6개월까지는 영화관이나 극장, 커피숍 등 사람이

혼잡하거나 담배연기가 있는 장소에는 가능하면 데려가지 않는 것이 좋습니다.

집 안에 계속 갇혀 아기의 시중만을 들고 있으면 어떤 애정 깊은 엄마라도 화가 날 것입니다.

기분전환으로 외출을 한다면 임신 중일 때와 같이 공원 등으로 산책하는 것을 권합니다.

날씨가 좋은 날을 골라 엄마와 아기가 신선한 공기와 일광욕을 마음껏 즐기는 것입니다.

감기를 걱정하는 엄마도 있겠지만, 적당하게 밖의 공기에 접촉시키는 것은 피부나 호흡기를 훈련시켜 오히려 감기에 걸리지 않는 효과가 있습니다.

태어나서 1개월 정도부터 1회에 10분 정도는 방 밖을 안고 걷는 것부터 시작합니다.

단, 목을 가누는 4개월 정도까지는 오랜 시간의 외출은 피해야 합니다. 1~2시간이 적당하겠지요.

또한 1살이 될 때까지는 숙박 여행은 피하는 것이 좋습니다.

엄마에 의한 자극 이외에도 아기 뇌의 발육에는 그 발육 단계에 따라 여러 가지 자극이 필요해집니다. 그런 의미에서 시끄러운 가정에서 있는 것은 물론 나쁘지만 가족이 많은 활발한 가정이 보다 바람직합니다.

눈을 떴을 때 혼자는 싫어요!

32 모빌이나 딸랑이는 뇌의 발육을 도와준다

아기 뇌의 시각과 청각을 동시에 자극해야 한다

아기는 뇌의 배선이 미완성인 채로 태어납니다. 이 배선은 적당한 자극을 주지 않으면 증가하지 않습니다. 스포츠를 하지 않으면 근육이 단련되지 않는 것과 같습니다. 그러므로 아기 뇌에 좋은 자극을 주지 않는 엄마는 아기의 수족을 묶어 건전한 발육을 방해하고 있는 것과 같습니다.

자극이라 해서 회중전등으로 눈을 비추거나 귀 근처에서 방울을 울리거나 하는 것이 아닙니다.

아기의 감각을 자연스럽게 자극시켜 뇌를 바르게 발육시키는 것입니다.

태어난 후의 아기는 피부 감각과 청각은 일단 갖추어져 있지만 시각은 아직 발달되어 있지 않습니다. 그렇다 해도 우리가 어려서 들어온 것같이 눈이 전혀 보이지 않는 것은 아닙니다.

태어난 직후의 아기라도 빛이 있는 쪽으로 얼굴을 돌립니다. 그렇다는 것은 밝음과 어두움을 분간한다는 것입니다. 그러나 아기의 시각은 급속도로 발달해 갑니다.

아기에게 있어 상당한 '빠르고 늦음'은 있지만 평균적으로 생후

2~3주면 가까운 것을 가만히 바라보는 것이 가능해지고, 3~4주째에 움직이는 것을 눈으로 쫓을 수 있습니다.

2~3개월이 되면 색채를 분간할 수 있게 됩니다. 이때가 되면 수평 방향으로 움직이는 것에는 눈으로 계속 쫓아 놓치지 않도록 목이나 안구를 움직입니다.

수직 방향으로 움직이는 것을 따라서 보는 능력은 조금 늦게 생깁니다.

태어나서 6개월 정도까지는 이런 식으로 시각이 급속도로 발육하는 시기이므로, 이때에 시각을 자극하는 것을 주어야 합니다.

하지만 시각을 자극하는 것만은 안 되고, 가능하면 다른 감각도 동시에 자극할 수 있는 것이 좋습니다.

생후 3개월 정도까지는 청각이 그다지 발육하지 않으므로 시각과 청각을 동시에 자극할 수 있는 것이 좋습니다.

시각과 청각을 동시에 자극할 수 있는 것―그것은 오르골이 붙은 모빌입니다.

병원에서 집으로 돌아오면 아기침대 위에 붙여주세요.

그러나 생후 4개월 정도의 아기는 겨우 60㎝ 정도의 가까운 것밖에 볼 수 없으므로 높은 천장에 붙이면 소용없습니다.

또한 아기의 시야 가득한 대형인 것보다도 소형인, 간단한 것이 좋습니다.

6ㅁ센티미터 이상 떨어지면 보이지 않아요!

장난감에만 의지하면 안 된다

아기가 처음으로 소리를 내어 움직이는 모빌을 볼 때, 생후 1주라도 눈을 깜빡이거나 호흡이 빨라지거나 합니다. 분명히 모빌에 반응하고 있는 것이지요.

이런 반응이 없는 아기는 뇌에 이상이 있는 경우가 많습니다. 이 반응은 익숙해지면 점점 없어집니다.

그러나 이것은 최초의 놀라움이 없어지는 것뿐이고, 아기의 시각이나 청각을 자극하지 않는 것은 아닙니다.

리드미컬하게 움직이고 있는 것을 가만히 보고 있는 것, 이것이 아기 뇌의 발육을 촉진하여 매우 좋은 자극이 됩니다.

그래도 시각이나 청각의 자극은 모빌과 같은 장난감에만 맡기고 안심이라 생각하면 큰 오산입니다.

가장 좋은 자극은 엄마가 아기를 안고 자장가를 불러주거나 부드럽게 말을 걸어 주는 것입니다. 그리고 아기의 얼굴을 가만히 바라보는 것입니다.

그러면 아기는 물끄러미 엄마의 얼굴을 바라봅니다. 아기에게 있어 가장 중요한 것은 무엇보다도 사람입니다. 그러므로 엄마의 얼굴을 알아보도록 하는 노력이 아기의 뇌에 있어 더할 수 없는 자극입니다.

장난감은 어디까지나 보조에 지나지 않습니다.

33 아기가 손에 잡는 '딸랑이' 야말로 지능을 높이는 제1보이다

생후 3~4개월이 되면 '손'을 사용하게 한다

자신을 안고 부드럽게 흔들어 주는 엄마에게 아기는 생후 2개월이 되면 웃음을 보이게 됩니다. 이것은 태어난 직후의 아기가 자고 있을 때에 웃는 듯한 표정을 하는, 이른바 '무심 웃음'과 달리 완전히 엄마를 알아보고 자신의 기분을 전달하려고 하는 '의식적인 행동'입니다. 지능을 지탱하는 큰 기둥인 '정서'가 자라는 것이지요. 그만큼 뇌가 발육했다는 좋은 증거입니다.

3~4개월이 되면 손을 뻗어 엄마의 얼굴을 만지려고 합니다. 자신의 의사로 손을 움직여 대상을 만지려는 복잡한 신경활동의 시작이지요.

이때에 '딸랑이'를 쥐어 주면 꼭 붙잡습니다. 팔을 흔들어 소리를 내고 즐거운 표정을 합니다. 태어나서 처음으로 자신의 팔운동으로 소리를 만드는 것이 기쁜 것이지요.

물건을 잡는 손의 운동은 간단해 보이지만 실제로는 5개의 손가락이 미묘하게 연동된, 복잡한 것입니다. 그 증거로 로봇은 담배를 잡는 것조차 간단하게 할 수 없습니다. 매우 복잡한 프로그램을 주입해 주어야 비로소 가능합니다.

로봇의 경우, 우선 텔레비전 카메라나 레이저 광선으로 붙잡으려 하는 것의 위치와 거리를 측정합니다.

그리고 팔을 그 위치까지 움직여 손가락을 열고 담배의 원주에 맞춘 후 손가락을 닫습니다.

이때 너무 강하게 힘을 주면 담배가 부서지기 때문에 담배가 떨어지거나 부서지지 않도록 손가락으로 적당한 힘을 가해야만 합니다.

그러나 사람의 아기는 6개월 정도가 되면 이 복잡한 운동이 가능합니다. 그렇다는 것은, 팔이나 손가락에 복잡한 명령을 줄 수 있을 정도로 뇌의 배선이 완성되었다는 것입니다.

사람은 손을 복잡 미묘하게 사용함으로써 원숭이의 레벨에서 벗어나 문명을 만들어냈습니다.

손이야말로 사람의 지능을 진화시켜 온 원천인 것입니다.

아기가 딸랑이를 잡으려고 하는 손의 운동, 이것이 뇌의 배선을 만들어내어 복잡하게 하는, 즉 지능을 만드는 제1보인 것입니다.

시각과 운동 감각, 그리고 촉각, 이것이 복잡하게 얽힌 손의 운동을 활발하게 하는 것입니다.

아기의 뇌를 자라게 하는 중요하고 없어서는 안 될 요소이지요. 동시에 지능을 높이는 스프링인 '호기심'을 자극하여 만족시키게 됩니다.

장난감이 없으면 지능의 발육이 늦어진다

장난감이 아기에게는 학생이 사용하는 교과서와 같은 것입니다. 그러므로 어느 시기에 어떠한 장난감을 주는가에 따라 지능의 발육이 결정됩니다. 적당한 장난감을 주지 않으면 지능의 발육이 어떻게 될까요.

이것은 사람의 아기에게는 실험할 수 없지만 쥐를 사용한 실험이 있습니다.

쥐의 지능을 조사하는 방법은 미로를 사용하는 것입니다. 막다른 길이 있거나 없거나 하는 길을 상자 안에 만들고 상자 안에 먹이를 둡니다.

쥐는 처음에, 막다른 길에 닿아 우물쭈물하지만 몇 번 하는 동안 먹이에 닿습니다. 미로를 빨리 기억하여 먹이에 도달하는 쥐일수록 머리가 좋은 쥐인 것입니다.

그럼 이 미로의 실험에서 쥐를 머리 좋은 그룹과 나쁜 그룹으로 나누어, 각각 새끼 쥐를 낳게 합니다. 머리 좋은 혈통의 새끼 쥐를 둘로 나누어 하나는 회전차나 그네 등의 장난감이 있는 상자에서 키우고, 하나는 아무것도 없는 상자에서 키웁니다. 새끼 쥐가 성장한 후 미로의 실험을 하면, 장난감으로 자란 쪽은 없는 쪽보다 훨씬 성적이 좋았습니다.

또한 장난감을 주지 않은 머리 좋은 혈통의 쥐는 장난감을 주어 기른 머리 나쁜 혈통의 쥐보다 성적이 나빠졌습니다.

엄마 보세요. 딸랑이를 꽉 잡았어요!

34 '단어'는 아기의 대뇌를 구축하는 중요한 벽돌이다

아기에게 '단어'를 주는 것은 엄마의 '말 걸기'이다

늘대에게 길러진 인도 소녀의 이야기를 아실 것입니다.

태어나서 얼마 되지 않아 어미 늘대에게 잡혀 새끼 늘대와 함께 동굴에서 자란 아마라와 카마라라는 2명의 여자아이는 몇 년이 지나 구출되었을 때에 전혀 사람의 아이라고는 생각되지 않게 늘대처럼 짖을 뿐이었습니다.

사람으로서의 지능을 기르기 위해서는 사람다운 자극이 필요합니다.

가장 사람다운 자극, 그것은 언어입니다.

스킨십은 원숭이도 있지만 언어에 의한 자극은 없습니다. 사람의 아기의 대뇌를 만들어 가는 것, 그것은 언어라는 이름의 벽돌입니다.

그리고 아기에게 최초로 언어라는 벽돌을 주고 거기에 지능을 만들어 주는 사람은 엄마입니다. 엄마의 부드러운 말 걸기가 아기에게 언어, 즉 단어와 단어를 어떻게 조합하면 논리적으로 바른 의미를 표현할 수 있는지를 가르치는 것입니다.

'맘마', '부' 등의 '아기 언어'는 중요하다

아기는 태어나서 1~2개월이 지나면 기분이 좋을 때 '아'나 '우' 같은 모음을 내기 시작합니다. 이것은 우는 소리가 대뇌 이외의 원시적인 뇌의 움직임으로 나오는 것임에 비하여, 대뇌의 좌반구 중심 홈 근처에 발육의 기능이 완성되기 시작했기 때문입니다.

3개월이 되면 '마'나 '무'라는 구순음도 내기 시작합니다. 이것은 아기에게 있어 가장 발음하기 쉬운 복합음(자음+모음)입니다.

따로 의미가 있어 입으로 내는 것은 아니지만 이때가 되면 엄마의 말에 대답하거나 엄마를 부르려고 할 때에 소리를 냅니다.

타인과의 대화 준비가 되기 시작한, 즉 언어의 시작입니다. 옹알이나 중얼거림이라고도 하지요.

엄마가 열심히 말을 걸지 않으면 안 되는 때가 이 시기입니다.

엄마를 비롯한 아기 주위의 사람은 이 구순음에 의미를 붙여 '맘마'라고 말하며 젖을 주거나 합니다.

먹는 것에 대한 욕구는 사람의 기본적 욕구 중에서도 가장 강하기에, 여기에 구순어(옹알이)를 연결해 주면 아기는 그 의미를 확실하게 이해합니다.

자신이 뜻도 없이 입에서 낸 음성에 무언가 중대한 의미가 있는 것을 알아내는 것입니다.

'의식'이라는 '대뇌의 지적발육'인 최초의 벽돌이 놓여진 것입니다.

이래도 제대로 된 말을 하고 있는 거예요!

그리고 어느 날(생후 10개월 정도), 아기는 공복을 느끼고 '맘마' 라고 합니다. 이때 엄마가 달려와 기쁜 얼굴로 '맘마야' 하며 젖이나 밥을 줍니다.

엄마와 언어에 의한 대화를 시작한 것이지요.

이러기 위해서는 엄마가 식사를 줄 때 언제나 '맘마' 하고 말을 해야만 합니다.

'밥' 도 좋지만, 언어는 언제나 일정하게 하지 않으면 아기의 어린 머리가 혼란해져 버립니다.

아기는 의미를 아직 몰라도 엄마의 입 주변을 가만히 바라보고 그 발음을 흉내내어 의미를 이해하고자 합니다. 그런 끈기 있는 작업이 없으면 언어를 기억하는 것이 늦습니다.

이 옹알이 커뮤니케이션은 엄마에게 있어 매우 즐거운 것이므로, 언제까지나 계속하려 합니다. 그러나 귀여움에 빠지면 안 됩니다.

아기 언어의 발달 단계에 따라 점점 복잡한 언어를 가르쳐 가는 끊임없는 노력이 필요합니다.

35 이런 아기의 방이
뇌의 발육을 촉진한다

환기가 잘되고 일광이 좋은, 밝은 방

환기는 매우 중요합니다. 아기 뇌의 발육에는 충분한 산소가 필요하기 때문이지요.

다음에는 햇빛이 가득 드는 밝은 방이 있어야 합니다. 햇빛이 들어오지 않는 방은 아기 지능의 발육을 방해하는 것임이 확실하고, 아기 특히 생후 6개월까지의 신생아에게 있어 큰 적인 병원균이 번식할 우려가 있습니다.

그렇다고 해서 여름에 햇빛이 직접 아기에게 닿거나 너무 밝은 것은 좋지 않습니다.

특히 밤에, 아기의 눈에 눈부신 전등빛이 직접 닿는 것은 금물입니다. 가능하면 간접 조명으로 해야겠지요. 그리고 언제나 같은 밝기가 아니라 낮과 밤, 아침과 저녁같이 적당하게 변화를 주는 것이 아기에게 있어 자극이 됩니다.

방의 온도는 16도에서 20도 정도가 적당하지만, 그렇다 하여 너무 신경질적으로 일정한 온도를 유지하려는 것은 오히려 좋지 않습니다. 어느 정도 변화를 주는 것이 좋은 자극이 되어 아기의 피부를 단련시킴과 동시에 뇌의 발육도 돕습니다.

그러므로 아기의 감기를 염려하여 겨울에 창문을 꼭 닫아 둔 채로 두는 것은 어리석은 일입니다.

벽의 색은 뇌의 발육을 촉진시켜 주는 색채가 딱히 없지만, 부드럽고 따뜻한 색, 베이지나 옅은 오렌지색이 좋겠지요.

벽에는 꽃이나 귀여운 동물 등의 마스코트를 붙이는 것도 아기에게 있어 좋은 자극이 될 것입니다.

새하얀 벽과 천장에 둘러싸인 차가운 방은 가장 좋지 않습니다.

무거운 이불이나 높은 베개는 아기 뇌의 적이다

이불은 보온을 위해 사용하는 것이므로 아기의 체온을 떨어뜨리지 않도록, 추울 때에는 이불보다 요를 1장 늘려줍니다. 추울 거라고 생각해서 무거운 이불을 몇 장이나 겹치는 것은 아기의 운동을 방해하므로 지능의 발육에도 영향을 줍니다.

너무 부드러운 이불은 백해무익합니다. 옆으로 눕거나 뒤집을 때 질식할 위험이 있습니다.

생후 1년까지의 사망사고 70% 이상은 질식입니다.

그런 의미에서 부드러운 베개도 위험합니다. 아기는 베개를 해줄 필요가 없습니다. 땀을 닦아주는 타월을 접어 머리 아래에 깔아주는 정도라도 좋습니다.

아기의 목은 어른에 비하여 짧기 때문에 높은 베개를 해주면 몸

과 머리의 부자연스러운 긴장감이 가해져 뇌의 발육에 결코 좋지
않습니다.

1시간에 한 번은
창문을 열어 신선한 공기가 들어오도록 해야 한다

환기가 무엇보다 중요하다 해도 추운 바람을 오랫동안 실내에
들이는 것은 물론 금물입니다.

생후 6개월경까지는 체온의 조절기능이 불충분하므로 감기에
걸리기 쉽습니다.

일반적으로 목조 방은 틈새가 크고 환기가 좋아, 창문을 열지 않
아도 실내의 공기가 환기됩니다. 그러므로 일반 목조주택의 넓은
방에서 엄마하고만 생활하고 있다면 따로 창문을 열어 환기시킬
필요는 없습니다.

그러나 그보다 좁은 방이거나 다른 사람도 있다면 환기할 필요
가 있습니다.

또한 최근처럼 새로운 자재를 사용하거나 알루미늄 샤시 창틀을
사용하고 있는 경우에는 자연스러운 환기능력이 일반 목조주택의
1/4 정도가 되어 버립니다.

최근의 건물은 보온을 위해 밀실화 되어 있는 경우가 많으므로,
역시 1시간에 한 번 정도는 창문을 활짝 열어 신선한 공기를 들이

도록 합시다. 특히 철근 콘크리트로 만든 주택이나 아파트에서는 환기를 계속하는 것에 주의하십시오.

온방은 가능하면 석유스토브나 가스스토브가 아니라 클리닝 히터를 사용하면 좋습니다.

냉방은 30도 이상이 될 때까지는 필요가 없습니다.

꽃처럼 부드럽게 만들어져 있어요

4장

7개월째부터는 이런 방법으로 하자

36 요람은 아기의 머리를 나쁘게 한다

'기어가기'를 시작한다면 요람을 치우자

엄마가 아기를 안아 리드미컬하게 천천히 흔드는 것, 즉 '어르는' 것이 아기 뇌의 발육을 돕는다는 이야기를 앞에서 하였습니다.

어름으로써 일어나는 자세의 변화가 아기의 전신운동 조정을 담당하는 소뇌를 자극하게 됩니다.

그 자극이 대뇌에 전달되어 완성되어 가는 대뇌를 발육시키는 것이지요.

그렇다면 아기가 태어나서 처음으로 하게 되는 전신운동은 무엇일까요.

역시 아기가 하게 되는 최초의 제대로 된 전신운동은 '기어가기'입니다.

이 시기에 '위험하니까'라든가 '가사에 방해가 되니까' 또는 '귀찮아서' 등의 이유로 아기를 좁은 요람에 넣어두면 어떻게 될까요.

아기는 겨우 전신운동의 준비가 되어도 그것을 훈련할 수 없어 신체의 발육은 물론, 지능의 발육도 방해받게 됩니다.

'기어가기'에 성공하기까지의 학습이 대뇌의 발달을 돕는다

대뇌는 혼자만 발육해 가는 것이 아닙니다. 소뇌나 중뇌, 간뇌라는, 원숭이도 가지고 있는 원시적인 뇌의 보조를 빌어 그들로부터 자극을 받으면서 발육하는 것입니다.

뇌의 각 기관은 서로 그 역할이 깊이 얽혀, 서로 돕고 보조하며 비로소 제대로 된 활동이 가능하므로 아이의 지능을 돕기 위해서는 지식을 주입하는 지능 교육만을 열심히 하면 모두 실패하게 됩니다.

아이의 지능을 기르고 뇌를 기르기 위해서는 운동이나 놀이도 제대로 지도해 주어야 합니다.

아기에게 서서 걷는 것은 물론 '기어가기' 하나만을 보아도 그것이 가능하기까지 얼마나 복잡한 단계가 필요하고, 얼마나 대사업인가 생각해야 합니다.

태어난 아기는 수족을 움직일 수 없고 뒤집기 하나도 할 수 없습니다. 그러기는커녕 안아 일으켜도 목이 휙 뒤로 젖혀져 버립니다. 이른바 목 가누기도 안 되는 상태지요.

생후 4개월경부터 점점 목을 가눌 수 있지만 아기를 눕힌 채로 두면 목을 가눌 수 없습니다.

목을 가누면 다음은 '뒤집기' 입니다. 뒤집기는 어른이라면 자면서도 무의식적으로 할 수 있지만 아기에게 있어서는 큰 작업입니다. 팔, 어깨, 등 근육, 다리의 근육이 일치 협력하여 움직여야만

합니다.

처음으로 뒤집기를 성공하는 것은 우연히 이루어집니다. 그러나 아기는 몇 번이나 노력하는 중에 그 방법을 기억합니다. 방법을 기억하는 것은 대뇌입니다. 자동차의 운전을 기억하는 것과 같지요.

우리에 갇혀 있으면 '기어가기'를 할 수 없어요

뒤집기가 되면 다음은 '앉기'와 '잡고 일어서기' 그리고 '기어가기' 입니다.

기어가기 위해서는 목을 곧바로 들어올리고 양팔과 양다리를 서로 다르게 움직이지 않으면 앞으로 움직이지 않습니다.

처음에는 팔을 받치는 힘이 강하여 반대로 뒤로 물러나 버립니다. 아기는 울면서 몇 번이나 앞으로 나가려고 합니다.

이러한 괴로운 작업(학습이라 할 수도 있겠지요.)을 참으면서 하는 것도 멀리에 있는 장난감을 갖고 싶다거나 엄마에게 가고 싶다는 적극적인 의욕이 생겨났기 때문입니다.

이 의욕과 복잡한 근육운동을 제어하는 뇌의 작업의 반복이 대뇌의 발육을 촉진하는 것입니다.

요람은 버리고 위험방지에는 충분히 주의해야 하지만, 아기는 자유롭게 기어 돌아다니게 해야 합니다.

37 이런 이유식이 아기의 뇌를 점점 자라게 한다

콜레스테롤이 가득한 계란은 이상적인 이유식이다

아기의 뇌는 태어난 후에도 점점 발육을 계속하여 3세가 되면 태어났을 때의 2배의 무게가 됩니다.

신경세포는 늘어나지 않지만 배선의 부분이 연장되고, 신경세포의 영양공급, 보호, 그리고 아직 맨몸인 배선의 절연의 역할을 하는 글리어 세포가 늘어나는 것입니다.

아기 뇌의 무게가 늘어난 것의 대부분은 이 글리어 세포가 늘어난 것입니다.

배선인 신경섬유의 절연커버는 하얀색을 띠고 있고 조사해 보면 지방의 일종인 콜레스테롤입니다.

콜레스테롤은 동맥경화의 원인이 되기 때문에 완전히 악역 취급이지만 뇌 안에서는 중요한 역할을 하고 있습니다.

절연커버의 역할을 하는 글리어 세포가 늘어나기 위해서는 단백질도 필요하지만 콜레스테롤을 만들기 위해서 많은 지방도 필요하지요.

종종 '동물성 지방은 콜레스테롤이 많이 함유되어 있으므로 식물성 지방이 좋다'고 하는데 그것은 동맥경화 등의 위험이 있는 중년 이후의 성인에 해당되는 것으로, 아기나 아이에게는 동물성 이라도 전혀 상관없습니다.

오히려 내장을 튼튼하게 자라게 하기 위해서는 콜레스테롤이 필요한 것입니다.

계란에는 특히 콜레스테롤이 많습니다. 1개당 약 350mg이나 함유되어 있습니다.

그 때문에 자칫 눈엣가시로 여겨지기 쉽지만, 뇌의 배선의 절연 커버 생성의 재료가 된다는 것을 생각하면 이유 후의 아기에게는 이상적인 음식입니다.

단, 생후 7개월까지는 노른자만 먹여야지 그렇지 않으면 소화불량이 될 우려가 있습니다.

계란은 여러 형태로 요리할 수 있어 먹기 쉽고, 무엇보다 가격이 싼 편이라 좋습니다.

필수아미노산을 함유한 대두식품이나 고기, 생선을 먹기 쉽게 하자

글리어 세포가 늘어나거나 또 신경세포가 배선을 뻗어 무수한 접점을 만들어 다른 신경세포의 배선과 얽히기 위해서는 무엇보다 아미노산이 절대적으로 필요합니다.

아미노산은 20종류 이상이 있는데 그중 사람의 몸에 없어서는

안 되지만, 체내에서는 만들 수 없는 아미노산을 '필수아미노산'
이라 합니다.

이것은 모유 안에 많이 함유되어 있습니다.

그러므로 엄마가 영양불량이 되지 않는 한 괜찮지만 생후 5개월
경부터 이유를 시작하면 아기는 그것을 음식물의 형태로 스스로
받아들어야 합니다.

아미노산은 음식물의 형태로써, 고기, 생선, 계란과 같은 동물성
이나, 콩과 같은 식물성 단백질에서 섭취할 수밖에 없습니다.

그런데 단백질에 따라서는 필수아미노산의 함유량이 적은 것도
있으므로 주의가 필요합니다.

필수아미노산이 많이 함유되어 있는 것은 동물성 단백질식품과
식물성에서는 대두제품뿐입니다.

두부는 소화도 좋고 이상적인 식품이지만 아기의 이유식으로 매
일 두부만 먹이는 것은 불가능하므로 고기나 계란, 우유, 그리고
생선 등이 필요합니다.

필수아미노산이 얼마나 아기 뇌의 발육에 없어서는 안 되는가를
예를 들겠습니다.

필수아미노산의 하나인 트립토판을 많이 포함한 먹이를 준 쥐는
뇌 안의 중요한 신경전달 물질인 세로토닌이 늘어나 있었습니다.

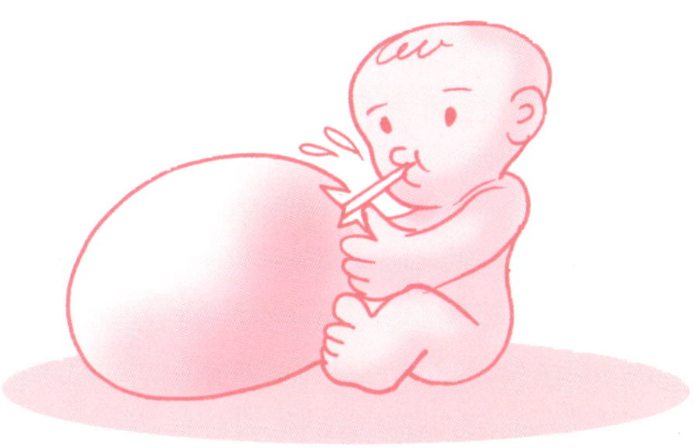

칼슘과 인을 함유한 작은 생선으로 다진 생선이 좋다

칼슘이나 인도 아기 뼈의 발육뿐만 아니라 뇌의 발육에도 없어서는 안 됩니다. 이 두 개는 작은 생선의 뼈에 균형적으로 함유되어 있으므로, 쪄서 말린 생선 등이 딱 좋습니다.

그러나 쪄서 말린 생선 특유의 냄새를 싫어하여 먹지 않는 경우도 있습니다. 신선한 정어리를 뼈째로 잘게 부순 다진 생선 같은 것은 어떨까요.

단, 오래된 것은 유지가 산화되어 유해하므로 주의해 주십시오.

칼슘을 많이 함유하고 있는 해조류가 있습니다. 미네랄도 풍부합니다.

38 머리를 좋게 하는 비타민E는
매일 반드시 보충해 주어야 한다

어떤 비타민이 아기의 뇌에 좋은가

아기나 유아 뇌의 발육에는 단백질이나 지방, 칼슘이나 인 외에 비타민류도 없어서는 안 됩니다. 비타민은 몸의 움직임을 부드럽게 하는 윤활유와 같은 것이기 때문입니다.

뇌의 발육에는 이런 비타민이 필요합니다.

[비타민B군에는 뇌에 중요한 것이 가득하다]

뇌 안의 배선에 해당되는 신경세포에는 비타민B1이 많이 모여 있습니다. 이것은 신호를 신경세포에서 신경세포로 전달할 때에 비타민B1이 많이 필요하기 때문입니다.

소음을 장시간 듣고 있으면 신경이 지치고 식욕이 없어집니다. 신경섬유가 계속 자극을 받아 비타민B1이 점점 필요해지고 비타민B1이 부족하기 때문에 식욕부진이 일어나는 것이지요.

비타민B1은 뇌의 활동에 꼭 필요한 것입니다.

비타민B2는 성장을 촉진하는 역할이 있습니다.

뇌를 비롯하여 몸의 각 부분이 무럭무럭 성장해 가는 아기나 유아에게는 절대적으로 필요합니다.

비타민B6이 부족하면 초조해지고 경련이 일어나는 경우도 있습니다.

미국에서 유명한 콘덴스 밀크를 마시고 있던 아기가 갑자기 보채고 경련을 일으킨 일이 있었습니다. 조사해 보니 제조할 때에 살균하는 온도가 너무 높아서 비타민B6이 거의 없어졌기 때문이었습니다. 이렇게 되면 뇌의 정상적인 발육은 바랄 수 없습니다.

또한 아기 뇌의 발육에는 어른보다 긴 수면이 필요한데 숙면에도 비타민B6이 없어서는 안 됩니다.

[비타민C는 스트레스를 방지, 모세혈관을 발육시킨다]

우리들이 강한 스트레스를 받으면 신장 위에 붙어 있는 부신에서 부신피질 호르몬이 왕성하게 분비되어 스트레스에 견딜 수 있는 힘을 만듭니다. 이 부신에 가장 많이 모여 있는 것이 비타민C입니다.

그러므로 비타민C는 스트레스에 의한 나쁜 영향을 방지하는 비타민입니다.

아기나 유아가 스트레스를 받으면 뇌의 발육에 장해가 되는 경우가 자주 있으므로 이것을 방지하는 의미에서 비타민C는 필요합니다.

또한 비타민C는 뇌세포의 영양과 산소를 공급하는 모세혈관의 발달에도 없어서는 안 됩니다.

<h1 style="text-align:center">비타민이 많이 든 요리를 만들어 주세요</h1>

비타민종류	많이 함유한 식품	결핍에 의한 장애	역할	조리에 의한 변화	
				물	열
A	계란 노른자, 버터, 간, 당근, 양배추, 시금치	사산, 야맹증, 산욕열을 일으키기 쉽다	성장촉진, 저항력증대, 피부점막의 건강, 시력, 유즙분비의 영향	녹지 않는다	강하다
B1	곡류의 배아, 메밀가루, 땅콩, 대두, 효모, 간, 감자	부종, 각기병, 유산 · 조산 · 사산시 원인이 된다. 다발성 신경염	함수탄소의 대사촉진, 식욕증진, 소화흡수를 도와 변통을 조절한다.	녹는다	강하다
B2	우유, 치즈, 낫토, 계란, 유색야채, 간	태아의 발육불량 구순염, 피부염	발육촉진, 간장기능을 돕는다. 유즙분비에 영향	녹는다	강하다
B12	간	악성빈혈	신장기능을 돕는다. 조형작용이 있다.	녹는다	강하다
C	야채, 과일(특히 귤), 녹차	태아발육불량, 잇몸의 출혈, 분만시의 출혈	혈액의 재생응고에 영향, 체세포에 활력을 준다.	녹는다	강하다
D	말린버섯, 말린 생선, 잘라 말린 무우, 버터	구루병, 골연화증, 저항력 저하	뼈, 치아의 성장촉진 칼슘과 인의 대사를 돕는다.	녹지 않는다	강하다
E	상추, 배추, 컬리플라워	태아의 사망, 유산 · 조산의 원인이 된다.	생식기능에 관계가 깊다.	녹지 않는다	강하다
K	양배추, 김, 시금치, 간	신생아 멜레나	혈액응고성을 지킨다.	녹지 않는다	강하다
L	간, 우유, 효모		유즙분비를 촉진한다.	녹는다	

[비타민D는 머리뼈의 발육에 없어서는 안 된다]

비타민D는 뼈의 발육에 없어서는 안 되는 비타민으로 4~5세까지의 아이는 어른의 4배의 양이 필요합니다.

아이 뇌의 뼈는 뇌의 발육에 따라 점점 커져야 합니다. 그 때문이라도 비타민D는 없어서는 안 됩니다.

[비타민E는 아기의 뇌에 있어 '열쇠' 의 존재다]

이것은 임신 중인 엄마에게 뱃속 아기의 뇌를 자라게 하기에 매우 중요한 비타민이라는 것을 이미 말씀드렸습니다.

태어난 직후에도, 그 후에도 중요한 비타민입니다.

비타민제에만 의존하지 말고 매일의 식사에서도 섭취해야 한다

이들 비타민류는 부족하면 비타민제를 먹는 것으로 보충합니다.

비타민A 이외에는 조금씩 많이 먹어도 부작용은 없으므로 안심이지만 아무래도 매일의 식사에서 규칙적으로 섭취하는 것이 가장 좋습니다.

대부분의 비타민은 몸 안에서 만들 수 없고 저장해 둘 수도 없으므로 매일의 식사에서 필요한 양을 섭취해야만 합니다.

대부분의 비타민을 풍부하게 함유하고 있는 식품은 간입니다. 이유식의 메뉴에도 꼭 첨가해 주세요.

39 단 것은 아기의 뇌에 큰 적이다

무가당 주스라도 당분임에는 변함없다

아이는 단 것을 아주 좋아합니다.

그렇다고 해서 아이가 원하는 대로 단 음식을 먹이면 뇌의 발육에 대단한 방해가 됩니다.

이유 직후의 아기에게 설마 설탕물과 다름없는 콜라, 사이다를 마시게 하는 엄마는 없겠지만 과즙이 들어 있는 주스 등은 '비타민C가 들어 있으니까' 하여 마시게 하는 경우도 있을 것입니다.

과즙이 들어간 주스라도 너무 마시게 하면 해가 됩니다.

비록 설탕이 들어 있지 않더라도 천연의 과당이라도 당분임에는 변함이 없습니다.

주스 같은 것을 너무 많이 마시는 것은 아이에게 매우 먹이기 쉬운 액체이기 때문입니다.

이유기 초기에는 스프 등을 먹이는데 그러는 가운데 조금씩 고형물을 먹이는 것은 턱의 근육을 움직임으로써 뇌를 자극한다는 면도 있습니다.

혈당치가 올라 식욕을 없애고,
뇌에 필요한 영양을 취하지 않게 해야 한다

주스가 왜 아이 뇌의 발육에 적일까요. 두 가지의 원인이 있습니다.

첫 번째는 단 것을 대량으로 섭취하면 그만큼 칼로리가 충분해져 뇌의 발육에 필요한 영양소, 즉 단백질이나 지방, 비타민을 먹지 않게 되기 때문입니다.

특히 식사 전에 단 주스를 마시면 식욕이 없어집니다. 이것은 설탕이 들어 있는 경우 천연의 과당이나 젖당에 비하여 흡수하는 속도가 빠르기 때문에 일시적으로 혈액 안의 혈당치가 높아져 공복감이 없어지기 때문입니다.

과당이나 젖당의 흡수속도는 설탕에 비하여 느리지만 이것도 너무 섭취하면 혈당치가 올라가 다음 식사가 계속되지 못합니다.

두 번째로 단 주스를 계속 마시면 아무래도 혈당치가 높아지는 경향이 있습니다. 그러면 췌장에 있는 랑게르한스섬이라는 부분에서 인슐린 호르몬이 왕성하게 분비되어 혈당치를 낮추려고 합니다.

이것이 습관이 되면 우연히 단 것을 먹지 않을 때에도 인슐린이 계속 많이 분비되어 혈당치가 너무 내려가 무기력이나 초조함 등의 저혈당증을 야기합니다.

또한 인슐린의 대량분비가 오랜 기간 계속되면 췌장도 지쳐버려

서 이제는 인슐린을 그다지 분비하지 않게 됩니다. 그렇게 되면 고혈당증, 즉 당뇨병이 됩니다.

예전에는 당뇨병이 성인병이라 생각되었지만 최근에는 소아 당뇨병도 증가하여 비만인 아이를 자주 볼 수 있습니다.

이것은 단 음식을 너무 먹인 부모의 책임입니다.

단 음식(간식)은 매력적이지만 무서워요

당뇨병이 걸리기 쉬운 체질은 유전이 되므로 자신이 당뇨병 기미가 있는 부모는 특히 조심할 필요가 있는데, 현실적으로 당뇨병이 걸리기 쉬운, 즉 단 것을 좋아하는 부모의 식생활이 그대로 아이에게 전해지는 사례가 많습니다.

일반적으로 우리의 주스와 콜라류는 너무 답니다.

주스 1개에 평균 20g의 설탕이 들어 있습니다. 성인이라도 하루의 허용량은 20g까지이므로 아이에게는 주스 1개라도 너무 많은 것이지요.

단 것은 전혀 먹지 않아도 좋습니다.

이유식도 반찬중심으로 해야 합니다.

40 '잠자는 아이는 자란다' 라는 말은 뇌의 발육에도 해당되는 것이다

수면 중 뇌에 혈액이 집중되어 있는 경우가 많다

사람은 1개월 가까이 단식을 해도 괜찮은 경우가 있지만 3일 이상 자지 않으면 발광하거나 죽거나 합니다.

이것은 수면이 지친 뇌세포의 활력 회복과 미세한 고장의 수리에 꼭 필요하기 때문입니다.

수면 중에 뇌의 혈류량을 조사하면 전두엽 등에는 깨어 있을 때보다도 혈액의 흐름이 많이 집중되어 있는 것도 열심히 산소와 영양을 공급하여, 기계로 말하면 오일 공급이나 수리에 전념하고 있기 때문입니다.

아기의 수면에도 마찬가지입니다.

그리고 활력 회복이나 고장 수리만이 아니라 점점 글리어 세포를 늘리거나 뇌의 배선을 만들고 있기 때문에 성인보다 긴 수면시간과 숙면이 필요한 것이 당연합니다.

'자는 아이는 자란다' 라는 속담은 아기 뇌의 발육에 있어서도 확실히 맞습니다.

숙면할 수 있는 환경을 만들어 주는 것이 중요합니다.

소음이나 불쾌음을 없애 아기를 숙면시키자

태어난 직후의 아기는 젖을 먹일 때 이외에는 밤낮을 가리지 않고 하루 종일 잡니다. 그것이 성장함에 따라 낮에 깨어 있는 횟수나 시간이 길어지는 것이지요.

하루 종일 자고 있더라도 내내 푹 자고 있는 것은 아닙니다. 어른처럼 얕은 수면과 깊은 수면이 반복됩니다.

얕은 수면은 안구를 보면 이리저리 움직이고 있으므로 램 수면 (RAPID EYE MOVEMENT)이라 하는데, 뇌는 깨어서 활동하고 있지만 몸은 잠들어 있는 상태입니다.

깊은 수면은 논램 수면이라 하여 뇌가 휴식하고 있는 수면입니다.

아기의 수면이 점점 짧아지는 것은 램 수면이 줄어드는 것입니다. 낮에 깨어 있는 시간이 많아지는 것은 이 때문입니다.

아기는 자궁 속의 상태로부터 점점 사람의 하루의 리듬에 자신을 맞추고 있는 것이지요.

그러므로 아기의 수면은 주위 성인들 생활의 리듬에 영향을 받는 경우가 많습니다.

야행성인 가정에서는 아이도 밤늦게까지 깨어 있고 아침이 이른 가정에서는 아침 일찍 눈을 뜨게 됩니다.

종종 '우리 집 아이는 수면시간이 짧은 것은 아닐까' 혹은 '밤에 울어서 곤란해요' 하며 의사에게 상담하는 엄마가 있습니다.

엄마 지금은 그냥 자고 싶을 뿐이에요

수면시간의 길이는 각각 상당한 차이가 있고 신생아도 짧게는 14시간, 길게는 19시간이라는 차이가 있습니다.

그러므로 주변의 아이나 첫째 아이보다 수면이 짧아도 그렇게 걱정할 일은 아니지만, 너무 짧거나 밤에 너무 심하게 울면 환경에 문제가 있습니다.

아기의 방이 너무 시끄럽거나 불쾌한 소리가 들리는 일은 없습니까. 아기는 태어난 직후에도 소음이나 불쾌한 소리, 예를 들어 문을 여닫을 때의 끼익~ 하는 소리와 탁, 하고 물건을 놓는 소리 등에는 민감하게 반응합니다.

가능하면 조용히 하여 자궁에 있을 때 들은 엄마의 심장소리와 같은 리듬의 클래식 음악을 약하게 들려주세요.

또한 엄마의 자장가도 최상의 수면제입니다.

너무 많이 놀아주어도 불면의 원인이 됩니다.

특히 자기 전에 상대가 되어 너무 흥분시키는 것은 좋지 않습니다. 낮에 한껏 밖에서 놀게 하고 밤에는 바로 잠들게 하세요.

또한 엄마가 옆에 없으면 잠들지 못하거나 인형이나 베개, 담요 등을 끌어안지 않으면 잠들지 못하는 아이도 있습니다.

그러나 이것도 정신안정제이므로 무리하게 금지할 필요는 없습니다.

성장하면 그러한 버릇은 자연히 없어집니다.

41 너무 어릴 때부터의 영재교육은 역효과이다

너무 무리하면 아기는 거절반응을 일으킨다

아기가 말을 기억하고 말을 하기 시작하면 여러 가지 지식을 담으려는 교육적인 엄마도 있을 것입니다.

그러나 조급하게 하는 것은 역효과입니다. 아기에게는 한 걸음 한 걸음, 사람의 말을 정확하게 기억해 가는 것이 이 시기의 가장 중요한 학습인 것입니다.

학습은 지식을 담는 것뿐만이 아닙니다.

말도 바르게 하지 않는데 수의 셈법을 가르치려고 해도 그것은 중파밖에 수신할 수 없는 라디오에 'FM을 수신하라' 는 것과 같이 도저히 무리인 것입니다.

말을 가지고 봐도 그렇습니다.

아기의 발달 단계를 무시하고 무리하게 많은 언어를 가르치려는 것도 역효과입니다.

언어의 발달은 아기에 따라 매우 개인차가 있고 특히 남자아이는 여자아이에 비하여 말이 늦습니다.

너무 무리하면 아기는 거부반응을 일으킵니다. 여유 있고 끈기 있게 해야 합니다.

아이의 인식은 우선 먹는 것, 그 다음에 그것을 제공해 주는 엄마, 그 주위의 가족, 장난감, 방안의 물건, 정원에 있는 꽃이라는 식으로 점점 공간적으로 확대해 가는 것입니다.

또한 구체적인 것의 이름에서 추상적인 것으로, 예를 들면 '맛있다' 와 '아름답다' 는 개념으로 넓혀갑니다.

시간의 개념은 가장 늦어, '오늘' 이나 '내일' 의 의미를 정확하게 이해하는 것은 가장 느리게 4세를 지나서입니다.

말도 아이의 인식의 발달에 따라 가르쳐야만 합니다.

귀찮아도 하나씩 단계를 밟아 가는 것입니다.

그리고 그 경우, 가르치는 쪽은 확실한 억양으로 바른 발음을 해야 합니다.

논리적 지식의 과잉 주입은 혼란을 낳는다

말을 충분히 할 수 없는 6세까지의 아이에게 수학이나 복잡한 지식을 가르치려 해도 역효과인 이유는, 말은 단순히 커뮤니케이션의 수단 뿐만은 아니기 때문입니다.

아이는 말을 기억함으로써 논리적인 두뇌를 길러 가는 것입니다.

사람의 말을 담당하는 센터는 뒤에서 상세하게 설명하지만 대뇌의 좌반구, 논리뇌에 있습니다.

언어를 기억하는 것이 왜 논리적인 두뇌를 기르게 되는 것일까요. 그것은 어느 나라의 언어라도 반드시 문법이라는 것이 있어 논리적으로 조립되어 있기 때문입니다.

만약 언어에 법칙성이나 논리성이 없으면 바벨탑과 같이 누구도 통하지 않을 것입니다.

그러므로 어느 민족이나 말은 그 민족의 사고방식을 반영하고 있다는 B.L. 웨브의 말도 수긍이 갑니다.

한국어는 한국인의 사고방식을 반영하고 있습니다. 그러므로 한국인의 독특한 사고방식을 나타내는 말을 영어로 직역해도 미국인에게는 확실히 이해가 되지 않습니다.

그렇지만 우리들은 아이를 우리말로 가르칠 수밖에 없습니다.

영어의 조기교육이라 하여 아직 유치원에도 가기 전부터 영어를 가르치는 경향이 있는데, 아무리 성장이 빠른 아이라도 6세 정도까지는 정확한 한국어를 말할 수 없습니다.

즉 뇌 안에 한국어의 논리회로가 완성되어 있지 않으므로 오히려 아이를 혼란시킬 것이고, 또한 기억한 영어도 곧 잊어버릴 것입니다.

해외에서 아이를 기른 사람의 경험에 의하면, 초등학교 저학년 무렵에 기억한 외국어는 자신의 것이 되지 않는 한 귀국하여 사용하지 않으면 곧 잊어 버리고, 자신의 것이 되는 것은 초등학교 고학년부터 중학생 때에 기억한 경우뿐이라고 합니다.

공부 전에 해둘 것이 있어요

42 머리 좋은 아이를 위해서는 TV 아이로 만들면 안 된다

TV는 어디까지나 일방통행의 커뮤니케이션이다

보육사가 부족한 시설 같은 곳에서는 아기의 말의 발달이 느릴 뿐만 아니라 지능의 발육도 늦어집니다. 이것은 아기에 대한 말 걸기가 아무래도 부족하기 때문일 것입니다.

미국의 통계에서는 유아원에서의 말 걸기는 실제로 가정의 1/10입니다.

일반적인 가정에서는 어떨까요. 예전에는 어느 집에서도 형제가 많고 할머니 할아버지도 동거하고 있었으므로 아기나 유아에게 말을 걸거나 말하는 상대가 되어줄 사람이 많았지만, 현대의 핵가족에서는 상황이 완전히 다릅니다.

부부와 아이뿐이고, 아이도 하나인 경우가 많습니다. 엄마도 일하고 있으면 낮에는 아이가 혼자서 텔레비전을 보면서 집을 지키는 경우도 드물지 않습니다.

텔레비전은 사람 대신에 아이에게 말을 걸어 주는 것이 아닙니다. 그것은 어디까지나 텔레비전만의 일방통행으로, 아이와의 커뮤니케이션은 제로입니다.

말의 발달은 일방통행에서는 성립될 수 없습니다. 커뮤니케이션이 없으면 말은 정상적으로 발달하지 않습니다. 따라서 지능의 발육도 늦어집니다.

아이 두뇌의 발육을 바란다면 절대로 텔레비전 아이로 만들지 마십시오.

일본의 소아과 의회에서는 텔레비전을 장시간 보고 있는 아이의 시선에서 맞추지 않고, 말의 발달이 느리다는 등의 경향이 발견되었으므로, ① 두 살까지는 시청을 금지한다. ② 수유 중 식사 중에는 시청을 금한다. ③ 아이 방에 텔레비전을 두지 않는다. 하는 것을 제언하고 있습니다.

TV에는 없는 상호 커뮤니케이션의 장소를 만들자

텔레비전의 유아 프로그램은 상당히 잘 만들어져 있습니다. 소리와 영상을 사용하여 아이의 흥미를 끌어들입니다. 성인이 영어를 공부하기에도 도움이 됩니다.

그러나 그것도 엄마가 함께 보고 화면을 보면서 아이와 대화하고서야 효과가 있는 것으로, 아이가 혼자서 보고 있으면 효과는 기대할 수 없습니다.

아이가 좋아하는 텔레비전 애니메이션에도 문제가 있습니다. 성인이 보아도 재미있기에 아이에게는 참을 수 없는 매력이겠지요.

그러나 문제는 그 '너무 재미있음' 이라는 것에 있습니다. 너무 재미있으면 아이는 곧 텔레비전에 사로잡히게 됩니다.

그러나 텔레비전 애니메이션은 이미지를 일방적으로 부여할 뿐입니다. 아이의 상상력을 만들어낼 여지는 전혀 없습니다.

그림책이라면 이미지가 단속적으로 나올 뿐이므로 아이의 상상력이 날개를 달 여지가 있습니다. 그러나 텔레비전 애니메이션은 압도적인 박력으로 아이의 아직 미완성된 뇌에 사정없이 밀어 넣어 뇌가 활동할 여지가 없어지는 것이 아닐까요.

하루 중 대부분의 시간을 텔레비전 앞에 앉아 있는 아이도 있습니다. 이런 '텔레비전 아이'는 지능의 발육에 있어 가장 중요한 '놀이'가 결여된 채로 자라게 됩니다.

텔레비전을 무의식으로 켜두는 것은 안 됩니다.

유아에게 보인다면 유아도 알 수 있는 좋은 프로그램을 골라 서로 말하면서 정해진 시간만 보여주십시오.

핵가족에서는 아무리 해도 유아와의 대화가 부족합니다. 같은 연배의 놀이 상대를 원하는 2~3세가 되면 가능한 한 근처의 아이를 부르거나 아이를 데리고 방문하거나 하십시오.

가능한 한 변화가 풍부한 환경을 만들어 주는 것이 중요합니다. 그것이 아이의 뇌에 좋은 자극이 됩니다.

근처의 아이와 놀게 하면 싸움도 합니다. 그러나 위험이 없는 한 방치하는 것이 좋습니다. 아이는 싸움을 통하여 사회성을 획득해 가기 때문입니다.

43 아가의 머리를 좋게 하는 비결은 '손'을 사용하게 하는 것이다

손을 움직이는 트레이닝이야말로 뇌를 자라게 하는 원동력이다

사람과 원숭이의 차이는 무엇일까요.

큰 차이는, 사람은 똑바로 서서 걷는다는 것입니다. 그 결과, 손은 보행에 사용하지 않아도 되므로 그 손을 복잡하게 사용하여 여러 가지 작업을 하고, 그 자극에 의해 인류는 대뇌를 진화시켜 왔습니다.

아기는 태어날 때에는 하등한 원숭이 이하의 지능입니다. 사람으로서의 지능을 기르게 되기 위해서는 손을 활발하고 복잡하게 움직이는 연습을 해야만 합니다. 그것이 1년이 지난 유아의 뇌를 발육시켜 가는 더할 나위 없는 자극이 되는 것입니다.

손을 복잡하게 사용하는 장난감, 그것은 집짓기 놀이입니다.

집짓기 놀이는 또한 유아의 지능을 기르기에 중요한 상상력과 이미지를 창조하는 능력을 끌어냅니다. 집짓기 놀이는 그것만으로는 어떠한 재미도 없습니다. 유아가 여러 가지 형태로 쌓아 '이것은 집', '이것은 뭐다' 라고 하여 노는 것입니다.

최근에는 집짓기 놀이와 같은 소박한 장난감보다 텔레비전 애니메이션의 주인공인 로봇 등에 인기가 있습니다.

전기가 들어오는 로봇은 재미있는 움직임을 하고 빛이나 소리를 내기 때문에 호기심이 강한 유아는 곧 사로잡혀 버립니다.

그러나 로봇은 몇 번 움직여도 같은 움직임밖에 하지 않으므로 유아는 곧 지겨워합니다.

또한 마음대로 움직여주는 장난감은 아이의 상상력이 들어갈 여지가 없습니다.

집짓기 놀이는 소박하고 간단한 것일수록 아이의 상상력처럼 무엇으로도 될 수 있습니다.

어느 것이 유아의 지능발육을 촉진시킬 것인지 말할 것도 없습니다.

아기 손의 움직임은 머리의 성장도를 나타낸다

아기의 손은 태어났을 때에는 아직 엄지를 제1관절에서 안쪽으로 굽혀 다른 4개의 손가락과 서로 맞출 수 없습니다. 이것은 하등한 원숭이도 같습니다.

9개월 정도 지나면 엄지를 굽혀, 손바닥이 아닌 엄지와 다른 손가락으로 물건을 잡게 됩니다. 비로소 사람의 손이 된 것이지요.

이때가 되면 집짓기 나무를 양손에 들고 딱딱 소리를 내게 됩니다. 오른손과 왼손을 연동시켜 복잡하게 움직이게 되는 것입니다.

11개월이 되면 성냥개비를 엄지와 검지로 들어올릴 수 있게 됩

니다.

또한 손이 미세한 운동을 시작하여 대뇌가 손의 근육에 복잡한 지령을 보내기 시작합니다.

집짓기 놀이를 할 때 손의 움직임은 보다 미세합니다. 이것은 시각과 촉각의 공동작업입니다.

기둥 위에 삼각형의 나무를 올리는 것을 생각해 봅시다.

기둥을 세우기 위해서는 우선 똑바로 세워야만 합니다. 기울면 다시 고칩니다. 눈으로 보면서 손가락의 촉각으로 확인합니다. 똑바로 세우면 삼각형의 나무를 제대로 된 위치에 둡니다. 조금이라도 어긋나면 떨어지므로 이것도 눈과 촉각으로 바른 위치에 놓습니다.

이렇게 결과를 보고 미세하게 수정하는 것을 피드백이라 하는데, 이것이 뇌의 회로 만들기에 최고의 자극이 되는 것입니다.

노인 치매의 예방으로 손 안에서 호두를 계속 굴리는 사람이 있습니다. 손의 미세한 운동이 뇌세포의 노화를 방지하는 효과가 있기 때문입니다.

손에 미세한 움직임을 시키는 장난감은 아이의 지능발육에는 없어서는 안 되는 것입니다.

영국의 소아과 의사 K.S. 홀트에 의하면 연령에 따라 집짓기 놀이로 만드는 탑은 점점 높아지고 있습니다.

1살 2개월=2개, 1살 반=3개, 2살=6개 3살=9개

아이의 지능발육을 나타내는 좋은 지표입니다.

머리 속도 제대로 커지고 있어요

44 장난을 금지시키면 대뇌의 회로성장을 할 수 없다

아기의 주위에 있는 것 모두가 뇌를 자라게 하는 도구이다

3~4개월 정도의 아기에게 딸랑이를 건네주면 손으로 꼭 잡습니다. 팔을 흔들어 움직여서 소리가 나면 즐거워합니다. 아기침대에 두드리기도 합니다. 입에 넣어 열심히 빨기도 하지요. 9개월 정도가 되면 던지면서 신나게 웃습니다.

아기의 이런 행동을 난폭하다거나 더럽다거나 하는 성인의 척도로 금지시키는 것은 좋지 않습니다. 아기에게 있어 이것은 모두 태어나서 처음의 경험이고 학습인 것입니다.

7개월 정도에 기어가기를 시작하면 장난은 하루가 갈수록 심해집니다. 아빠가 읽고 있는 신문을 찢거나 엄마가 물건을 산 비닐백에서 내용물을 모두 꺼내어 늘어놓습니다. 깨끗하게 개어놓은 세탁물을 잠깐 눈을 돌린 사이에 방안에 가득 벌려놓습니다.

식탁에서는 더욱 심합니다. 우유컵을 엎어서 미끌미끌한 손으로 테이블을 문지르고 우유 범벅으로 만들어놓습니다. 엄마가 비명을 질러도 아무렇지도 않게 웃습니다. 도저히 손을 쓸 수가 없지요.

그러나 그것이 좋은 것입니다. 아기의 장난을 관찰하면 대부분

모두 손을 사용하고 있습니다. 하루가 갈수록 손목과 손가락의 움직임이 복잡해져 손이 많이 가는 장난이 되고 있습니다.

손의 움직임이 복잡 미묘해져 가면 갈수록 인간 지능의 원천인, 대뇌의 신피질의 회로, 배선 만들기가 이루어져 갑니다. 손은 아기의 대뇌를 자라게 하는 말 그대로의 '수단'인 것입니다. 그리고 아기의 주위에 있는 것은 모두 장난감, 즉 대뇌를 자라게 하는 도구인 것입니다.

아기가 신문지를 찢기 시작하면 찢어도 상관없는 종이를 주십시오. 찻잔 위에 컵을 쌓아 무너지는 소리를 내면서 즐거워한다면 집 짓기 나무를 주십시오. 우유를 엎어 테이블 위를 손가락으로 문질러 논다면 손끝에 물감을 묻혀 종이 위에 손 그림을 그리게 해주십시오. 아기는 손에 닿는 감촉이 좋은 것입니다.

엄마가 신경질적으로 되어 장난을 금지하는 것은 대뇌의 발육을 방해할 뿐입니다.

뒤처리가 걱정이겠지만 어쩔 수 없습니다.

단, 위험방지에는 충분히 배려하여 만약 위험한 일을 하기 시작하면 곧 꾸짖어 주어야 합니다.

위험한 장난 이외에는 가만히 지켜봐 주십시오.

아기가 열중하여 장난을 하고 있을 때에 옆에서 말을 걸거나 도와주는 것은 역효과입니다.

지능의 사령실, 전두엽과 손의 운동은 밀접한 관계이다

사람의 얼굴을 옆에서 보면 이마가 넓고 수직에 가깝게 부풀어 있습니다. 한편 원숭이의 이마는 좁고 뒤로 기울어져 있습니다. 이것은 사람의 전두엽이 매우 발달되어 있기 때문입니다.

이 전두엽이야말로 사람의 지능을 담당하는 곳인데, 이 부분의 회로, 배선 만들기는 유아기에 손의 운동을 활발하게 함에 따라 촉진됩니다. 이는 외부에서의 여러 가지 정보, 시각이나 촉각을 종합하여 판단하고, 그 판단에 따라 적절한 지령을 손이나 발에 보내기 때문입니다.

아이가 젓가락을 사용하여 밥을 먹기 위해서는 시각이나 촉각에서 얼마나 복잡한 정보가 전두엽에 보내지는지, 그리고 전두엽에서 손목이나 손가락의 근육에 얼마나 복잡하고 미묘한 지령이 보내지는지는 잘 아실 것입니다.

최근에는 연필도 자동연필깎기로 깎아 손의 복잡한 움직임의 연습 기회가 적어져, 걸레도 제대로 짜지 못하는 아이가 늘고 있습니다.

유아기에 장난이 지나치더라도 마음대로 손을 사용하게 해주십시오.

뇌와 손이 얼마나 밀접한 관계에 있는지 아는 엄마라면 얼굴을 찌푸리면 안 됩니다.

45 2세가 되면
우뇌 트레이닝을 시작하자

학교의 공부는 좌뇌에서, 창조적인 재능은 우뇌에서 한다

사람의 대뇌는 바로 위에서 보면 우반구와 좌반구 두 가지로 나뉘어져 있습니다.

이것을 우뇌, 좌뇌라고 하는데, 이 우뇌와 좌뇌 역할의 차이가 밝혀졌습니다.

좌뇌는 말을 하거나 듣고, 수의 계산을 하거나 하는 논리적인 활동을 담당합니다. 그러므로 논리뇌나 언어뇌라고 불립니다.

한편 우뇌는 음악을 듣거나 그림을 보며 무언가의 이미지를 떠올리거나 하는 뇌입니다.

그러므로 직감뇌나 음악뇌, 최근에는 창조뇌라고 하는 사람도 있습니다.

좌뇌는 주로 학교의 공부 등에 사용되고, 우뇌는 예술 등의 창조 활동에 사용됩니다.

사회에 나가 성공하기 위해서는 학교의 공부로 길러지는 논리적 사고만으로는 안 되고, 재치와 창조력이 없어서도 안 됩니다.

그렇기에 아이에게 우뇌를 기르는 트레이닝도 해주어야 합니다.

그 트레이닝에 적합하게 생각되는 것이 점토 세공이나 그림, 카드 넘기기 등의 놀이입니다.

만 2세경부터 시작하면 좋습니다.

이 트레이닝이 유아의 창조성을 개발한다

점토 세공이나 자유스런 그림은 이미지를 만드는 힘과 창조력을 기르는 좋은 자극이 됩니다. 이 경우, 능숙과 비능숙은 문제가 아닙니다. 자유로운 이미지로 그림을 그리거나 점토를 잘 반죽할 수 있는가 하는 것이 문제입니다.

아이가 그린 엄마의 얼굴이 이상하게 커도 전혀 상관없습니다. 엄마의 부드러운 얼굴이 확대되었을 뿐입니다.

반대로, 자주 사용하는 색칠공부 등은 창조력을 기르기 위해서는 역효과입니다. 정해진 틀 안에 색을 칠하는 것은 손의 트레이닝과 색의 인식을 도울 뿐입니다.

카드 놀이는 사과나 귤, 자동차나 기차를 그린 카드를 몇 장 뒤집어 어디에 무엇이 있는지를 맞추게 하는 놀이입니다.

아기는 생후 8개월까지는 사물이 숨어버리면, 예를 들어 과자가 종이 아래에 숨겨지면, 그것이 존재하지 않는 것으로 생각합니다.

8개월이 지나면 종이를 들어 과자를 발견하게 됩니다. 눈에 보이지 않는 것도 뇌 안에서 인식하는, 이미지 능력이 만들어졌다는

증거입니다.

수의 관념이 없는 유아는 카드 놀이를 할 때에도 어른처럼 오른쪽 끝에서 몇 번째라고 기억하는 것은 아닙니다. 머리 안에 전체의 카드 배치의 이미지를 만들고, 그것에 따라 맞추는 것입니다.

그러므로 카드 놀이는 이미지를 만드는 능력을 기르기에 적합한 것입니다.

앞에서, 사람은 말의 도움을 받지 않으면 사물을 기억할 수 없다고 하였는데, 꼭 그렇다고 할 수는 없습니다. 그것은 재치나 천성이라는 것입니다.

아인슈타인이 상대성이론을 생각해낸 것도, 별다른 계산의 결과나 고심 끝에 착상된 것이 아니라, 어느 날 문득 갑자기 머리에 번뜩인 것이라 합니다.

재치라는 것은 무엇일까요.

말을 벽돌이라 하면 하나하나 생각을 쌓아올려 가는 것이 아니라, 머리 안에 그린 이미지에서 정확하게 대답을 만들어내는 것입니다. 그 역할을 담당하는 것이 우뇌입니다.

논리적으로 생각하는 능력이나 계산이 우수하다면 학교의 공부에는 매우 유리할 것이지만, 사회에 나가 활약하기 위해서는 그것만으로는 부족합니다.

역시 이미지를 그리는 능력이나 직관적인 재치, 창조력이 없어서는 안 되는 것입니다. 아기는 우선 좌뇌부터 발육합니다.

그러나 2세를 넘으면 우뇌 트레이닝도 잊지 마시기 바랍니다.

무엇이 나올까, 두근두근거린다

46 대뇌를 자극하는 것은 '놀이' 라는 '의식하고 있는 운동' 이다

유아는 대뇌를 사용하여 '생각하면서' 논다

지능만이 다른 몸의 기능과는 따로 발달한다고 생각하신다면 그 것은 큰 오해입니다.

지능을 담당하는 대뇌의 신피질은 동시에 손이나 발 등 몸의 각 부분의 수의 운동, 즉 반사적인 운동 이외의 운동을 담당하고 있습 니다. 반사운동이란 뜨거운 것에 닿아 손을 움츠리거나 눈에 무언 가 달려들면 눈꺼풀을 닫으려고 하는 운동, 무의식의 운동을 말합 니다.

의식하고 행동하는 운동은 모두 뇌의 신피질이 담당하고 있습니 다. 더구나 대뇌의 신피질은 배선이 모든 부분에 걸쳐 밀접하게 얽 혀 있기 때문에 유아가 의식하고 행동하는 운동은 배선을 보다 복 잡하게 얽히게 하는 큰 자극이 됩니다.

유아가 의식하고 하는 운동은 '놀이' 입니다. 그러나 유아는 놀 이 안에서 단지 몸을 움직이고 있는 것만이 아닙니다. '생각하여' 놀고 있는 것입니다.

생각하면서 몸을 움직이는 것, 이것이 대뇌를 발육시키는 것입 니다.

자주 운동을 시켜 기른 쥐와 운동을 시키지 않고 기른 쥐의 뇌를 조사해 보면, 그것을 잘 알 수 있습니다. 운동이 활발하지 않은 쥐는 자주 운동시킨 쥐보다 뇌가 10%나 작고 시냅스(배선의 접점)도 20%나 적었습니다.

유아에게는 책상 앞에 앉혀 조기교육을 시키는 것보다도 밖에서 생각하는 대로 움직이게 해야 할 것입니다.

움직이지 않으면 머리도 녹슨다구요

적응력을 몸에 붙이기에 '놀이' 만큼 적합한 것은 없다

유아에게는 여기저기 걷는 것만으로도 뇌의 배선을 기르게 하는 중요한 트레이닝이 됩니다.

초등학생 대상의 조사에서는 IQ(지능지수)가 높은 아이일수록 몸의 균형 감각이 좋다는 조사도 있을 정도입니다.

또한 성인도 무언가를 생각할 때에 방안을 이리저리 걸어 다니는 것이 보다 생각이 잘 떠오른다는 사람도 많을 것입니다. 이것도 무언가를 생각하는 회로와 운동의 회로가 밀접하게 연결되어 있다는 것입니다.

대뇌의 회로, 배선은 7세까지 90% 정도 완성됩니다.

책상 앞에 앉아 공부하여 효과가 있는 것은 그때쯤이고, 그리하여 취학연령이 만6세부터 정해져 있는 것입니다. 그때까지는 놀이가 중심이 되는 것이 당연합니다.

놀이 운동은 또한 유아 폐의 기능을 높여 심장을 튼튼하게 합니다. 머리의 좋고 나쁨을 결정하는 것은 뇌의 배선의 복잡함과, 산소의 공급이 충분한 것이라고 앞에서 말씀드렸습니다.

놀이는 이 2가지를 촉진시키는 역할을 하고 있습니다. 그리고 놀이는 사회에 대한 적응력을 갖게 합니다. 이것은 지능의 발육이라는 점에서도 매우 중요한 것이지요.

엄마나 가족들하고만 놀던 유아는 2세부터 점점 비슷한 나이의 놀이상대를 찾게 됩니다.

근처의 아이와 공원이나 놀이터에서 함께 놀게 해주면 처음에는 모른 척을 하지만, 그러는 중에 친해져 놀면서 활발하게 이야기를 하기 시작합니다.

단, 2세경의 유아는 아직 자기중심적이므로 상대와의 대화라고 하기보다는 자기 마음대로라는 것을 인식해야 합니다.

프랑스의 발달심리학자 피아제는 연구소 부속 보육소의 유아들이 대화한 내용을 녹음하고 분석해 본 결과, 전혀 문맥이 없을 뿐만 아니라, 자신의 말밖에 하고 있지 않음을 발견하였습니다.

그러나 이것도 5세 정도가 되면 상대의 입장을 생각한 회화가 됩니다.

이 트레이닝이 없으면 학교에 가서도 잘 적응할 수 없습니다.

또한 집단의 놀이 안에서 자신의 역할을 자각해 가는 것도 중요한 트레이닝입니다.

47 미국에서 유명한 '머리를 좋게 하는 트레이닝'

뇌에 대량의 혈액을 보내주는 '마스킹법'

미국에서 평판이 좋았던 '머리를 좋게 하는 트레이닝'에 '마스킹법'이라는 것이 있습니다.

윈 웽거 박사가 제창한 것인데, 종이주머니를 입에 대고 30초간 하, 하, 하고 빠르게 호흡을 반복합니다. 그럼 종이주머니 안의 공기를 몇 번 들이마시고 내쉬게 되므로, 밖의 공기를 들이마시는 것보다도 탄산가스의 농도가 높아지고, 폐에서 동맥혈 안에 녹아드는 탄산가스의 농도도 높아집니다.

동맥혈 안의 탄산가스 농도가 높아지면 뇌에 혈액을 보내고 있는 경동맥이 크게 열려 이전보다 많은 혈액이 뇌에 흘러 산소나 영양이 그만큼 많이 전달되고, 뇌의 활동이 활발해진다는 이론입니다.

과연 이 방법을, 머리 좋은 아기를 낳아 기르기 위해 활용할 수 있을까요.

단, 유아의 뇌의 발육에 대한 효과는 미해명이다

동맥혈의 탄산가스 농도가 높아지면 경동맥이 열린다는 사실은 분명합니다.

이것은 몸에서 가장 중요한 뇌가 산소결핍 상태가 되지 않도록 지켜주기 위한 구조입니다.

탄산가스 농도가 높아진다는 것은 그만큼 산소가 녹아드는 양이 적어진다는 것이므로, 그렇게 되면 보다 많은 혈액을 뇌에 보내야만 합니다. 그러나 보통의 뇌 활동에는 어느 정도 이상의 혈액은 필요하지 않고, 오히려 집중력이 문제라는 조사결과도 있습니다. 이것은 대뇌피질 안에 들어가는 '방사성 동위원소 크세논 133' 이라는 것을 사용하여, 뇌에 혈액이 어떻게 흐르는지를 조사하여 알게 된 것입니다.

생각을 하거나 운동을 하거나 할 때에는 뇌 안의 그 활동을 담당하는 부분에 혈액이 집중한다는 사실에서 이끌어진 사고방식입니다. 단, 일사불란하게 정열적으로 일을 하고 있을 때에는, 전체적인 혈류량이 증가하는 것도 확인되었습니다. 그 의미에서는, 마스킹법도 효과가 있을지도 모릅니다.

특히 마스킹법이 아이의 뇌의 발육에 효과가 있는지 여부는 아직 잘 알려져 있지 않습니다. 종이주머니를 사용하여 하, 하, 하는 것이라면 질식할 염려는 없겠지만 30분 간격으로 1회, 매우 오랫동안 계속하지 않으면 효과가 없을 것이므로, 유아의 트레이닝으

로는 부적합합니다.

그보다는 신선한 바깥 공기 안에서 활발하게 몸을 움직여 혈액의 순환을 좋게 하는 방법이 좋겠지요.

너무 인공적인 산소흡입은 생각지 않은 장애를 만들 수 있다

아기를 산소가 많은 공기 안에서 자라게 하면 뇌의 발육에 좋지 않을까 하고 생각하는 분도 있습니다. 그러나 너무 부자연적인 방법이 생각지 않은 장애를 야기할 수도 있습니다.

예전에 미숙아는 대부분 자라지 못했습니다. 살아남아도 심한 지적장애가 되는 경우가 많았습니다.

이것은 조산 때문에 아기의 뇌가 보통의 아기보다도 미발달하여 태어났기 때문이고, 호흡기능이 약하여 뇌의 발육에 필요한 충분한 산소를 보내주지 못했기 때문입니다.

전후 미국에서는 인큐베이터 안에 고농도의 산소를 집어넣어 줌으로써 미숙아의 생존율은 훨씬 높아지고, 지능도 정상적으로 자라는 경우가 많았습니다.

그러나 아기 중에서 너무 진한 농도의 산소를 마셔 눈의 망막에 장애가 생기는 '미숙망막증' 이 발생하기도 하였습니다.

인공적인 방법을 할 때에는 세심한 주의가 필요합니다.

48 유감이지만 '머리 좋아지는 약'은 없다

'글루타민산이 머리를 좋게 한다'는 것은 근거 없는 신화이다

예로부터 '바보에게 듣는 약은 없다'라고 하였는데, 이것은 지금도 통용되는 진리입니다.

아이 뇌의 발육을 획기적으로 증진하고 뇌를 좋게 하는 마법의 약이 있다면 천만다행이겠지만, 유감스럽게도 그런 약은 아직 발견되지 않았습니다.

예전에 화학조미료의 주된 성분인 글루타민산이 '머리가 좋아지는 약'으로 알려져 유행한 적이 있었습니다. 수험 전의 학생들이 많이 먹었는데, 그중에는 유아에게 먹게 하여 경련을 일으킨 경우도 있었습니다.

글루타민산이나 아스파라긴산 같은 아미노산에는 분명 뇌세포의 움직임을 활발하게 하는 작용은 있지만, 유감스럽게도 아무리 먹어도 뇌세포에까지는 도달하지도 않습니다.

뇌세포(신경세포)는 스스로 영양을 취하는 것이 아닙니다. 몇 번이나 설명한 바와 같이 글리어 세포가 영양, 즉 대사물질을 받아 전달하는 것을 담당하고 있는 것입니다.

글리어 세포는 사람의 세포 중에서 가장 중요한 신경세포에 음

식을 주는 요리사, 즉 맛보는 사람의 역할을 하는 것으로, 유해한
물질이 신경세포에 전해지지 않도록 노력하고 있습니다.

글리어 세포는 신경세포에 산소나 영양원으로서의 포도당, 그리
고 알코올 등을 전달하지만, 글루타민산과 같은 아미노산은 전달
해 주지 않습니다. 그러므로 아무리 열심히 화학조미료를 먹어도
글루타민산은 글리어 세포에서 멈춰버리고, 신경세포에는 도달하
지 않으니 효과는 전혀 없는 것입니다.

약은 아플 때에만 먹어요. 엄마!

약에 의존하기 전에 이 4가지를 실행해 보자

호르몬 안에서 부신피질 자극호르몬이나 뇌하수체에서 나오는 바소프레신이라는 호르몬에 기억을 좋게 하는 효과가 있는 것이, 쥐의 실험 등에서 확인되었습니다.

그러나 단순히 가능성이 있다는 것뿐이어서 소개만 하고자 합니다. 그것은 이것을 약으로 삼아 외부에서 주입되는 것이 장기적으로 보면 문제가 있기 때문입니다.

심한 당뇨병 환자에게는 혈당치를 낮추기 위해 인슐린 호르몬을 주사하는데, 이 주사를 계속 맞으면 몸 안에서 인슐린을 만드는 췌장의 움직임이 점점 약해져버리는 부작용이 있습니다.

생물의 몸은 호르몬의 미묘한 균형에 의해 제대로 활동하도록 만들어져 있습니다.

그러므로 함부로 외부에서 특정한 호르몬을 부여하면, 인슐린의 경우와 같이 오히려 그 균형을 깨뜨려 생각지도 않은 부작용을 초래할 위험이 있습니다.

머리가 좋아지는 약으로 호르몬을 주입하는 것은 아직 의문이 있는 것입니다.

사람의 몸은 정밀기계와 같습니다. 그 구조, 메커니즘도 아직 다 알려져 있지 않은 것이 많습니다. 아무리 동물실험을 해보아도 사람의 몸과는 다른 부분이 많으므로, 안전성 100%는 확인되지 않습니다.

우리나라 사람들은 특히 약에 의존하는 경향이 있는데, 약은 본질적으로 독입니다.

그러므로 잘 듣는 약일수록 독성이 강한 것입니다. 질병과 같이 어쩔 수 없는 경우 외에는 가능한 한 사용하지 않는 것이 현명합니다(비타민은 약이 아닙니다).

뇌는 사람의 몸 안에서 가장 정밀한 부분입니다.

아이의 뇌를 자라게 하기 위해서는 약에 의존하기보다도 보다 자연스러운 방법에 따르는 것이 아무래도 최선인 것입니다.

지금까지 설명한 방법을 정리해 보겠습니다.

1. 신선한 공기와 일광
2. 모유와 스킨십
3. 자극이 많은 풍부한 환경
4. 놀이에 의한 학습과 몸의 트레이닝

49 아기 뇌의 발육에 따라 트레이닝법을 재확인하자

머리를 좋게 하는 '아기체조'는
2개월째의 후반부터 해야 한다

아기는 '작은 어른'이 아닙니다.

그러므로 뇌 발육의 단계에 따른 트레이닝을 해주지 않으면 발육을 돕기는커녕, 역효과가 될 수도 있습니다.

3장부터 4장의 이제까지 설명해 온 것을 여기에서 정리해 보겠습니다.

또한 3장에서 소개하지 않은 '아기체조(탄생에서 생후 6개월까지)'도 함께 설명합니다.

[탄생~1개월째는 특히 엄마의 스킨십이 중요하다]

신생아라 불리는 시기입니다. 이때 중요한 것은 엄마가 안아서 어르고, 부드러운 목소리로 말을 걸어 주는 스킨십입니다.

아기는 아직 눈이 잘 보이지 않지만 피부 감각이나 냄새로 엄마를 구분합니다.

스킨십이 부족하면 아기에게 불안과 스트레스가 가해져 뇌의 발육을 방해하는 경우가 있습니다.

수유 시의 말 걸기나 자장가 같은 것으로 아기의 스트레스가 없도록 하면 뇌의 건전한 발육이 가능해집니다.

[2개월~3개월은 목을 똑바로 가누는 트레이닝을 해야 한다]
아기는 1개월째 후반부터 엄마의 얼굴을 가만히 바라보게 됩니다. 가까운 것을 보게 된 것입니다.

안고 있을 때에는 아기의 눈을 바라보고 부드럽게 말을 걸어 주십시오. 웃어 주면 받아서 웃어 주기 시작합니다.

겨드랑이 아래에 손을 넣어 일으키면 처음에는 목이 젖혀지지만, 2개월째 후반부터는 목을 가누게 됩니다. 아기체조는 이때부터 시작하십시오.

뇌의 발육을 돕는 것은 우선 목을 가누도록 트레이닝 하는 것이 첫 번째입니다.

겨드랑이 밑이나 팔꿈치를 양손으로 잡고 천천히 일으키는 체조를 반복합니다. 또한 뒤집어 양팔을 수평으로 뻗어줍니다. 몸과 등의 근육을 단련하는 것입니다.

옷을 벗겨 몸을 마사지해 주는 것도 혈액순환을 좋게 하여 아기 뇌에 중요한 산소를 많이 보내줍니다. 말할 것도 없이 머리 좋은 아이를 만들기 위해서는 뇌의 발육을 촉진하는 산소가 필요합니다. 또한 손발을 구부리는 운동을 시키는 것도 큰 효과를 기대할 수 있겠지요.

양발을 구부려 무릎을 배 위까지 붙여주고 다음에 늘이는 체조

도 복식호흡의 아기에게 흉식호흡, 즉 심호흡을 시켜 산소를 가득 들이 마시는 트레이닝이 됩니다.

이 운동은 기어가기를 시작하는 6개월경까지 계속하면 좋을 것입니다.

엄마가 유명한 트레이너인 것이 자랑이에요

머리를 좋게 하는 포인트는 '손의 움직임'을 재촉하는 것이다

[4개월~6개월에는 '기어가기'의 준비 트레이닝을 시키자]

아기가 태어난 지 4개월이 되면 엄마의 얼굴에 손을 뻗어 만지며, 5개월이 되면 딸랑이를 쥐거나 핥거나 하며 기뻐합니다. 장난감에 의한 학습이 시작된 것이지요.

이 시기에 아기에게 말을 걸면 그에 응하여 소리를 내게 됩니다. 아직 '아~' 또는 '우~'라는 모음뿐이지만 이때부터 '옹알이'를 기억시키는 트레이닝을 시작하면 좋습니다.

앉을 수 있게 되면 기어가기의 준비 트레이닝을 시작합시다.

허리를 들고 몸을 기울여 손으로 바닥을 지탱시키는 체조를 하여 팔의 힘을 강하게 해주십시오.

[7개월~10개월에는 손의 운동을 돕는 장난감을 주자]

아기가 기어가기 시작하고 손의 움직임도 복잡해집니다. 집짓기 나무를 오른손에서 왼손으로 바꾸거나 작은 것을 잡고 던지거나 합니다.

신문지나 깨지지 않는 컵, 공, 집짓기 나무와 같이 손의 운동을 돕는 장난감을 주십시오.

50 머리 좋은 아이를 낳아 기르는 것은 당신의 모성과 깊은 사려가 있다

아기가 무엇을 바라고 있는지는 '모성'이 가르쳐준다

지금까지 이 책을 읽고 머리 좋은 아이를 낳아 기르는 것이 매우 힘든 일이라고 생각하셨을 것입니다. 그렇습니다. 아기를 훌륭하게 키우는 것은 온몸과 마음을 던져도 부족할 정도로 대단한 사업입니다.

임신한 순간, 엄마의 생활은 모두 아기를 위해 이루어지게 됩니다. 자신의 생활을 즐기는 여유가 없다고 할 수 있겠지요.

그런 대단한 일을 자신은 전혀 할 수 없다고 느낄지도 모릅니다.

그러나 안심하십시오. 여성에게는 자연에게서 받은 모성본능이 있고, 그것이 모르는 사이에 큰 도움이 될 것입니다.

일례를 들어봅니다.

성모마리아의 그림이나 동상을 주의해 보면 그 대부분이 왼팔로 예수를 안고 있는 것을 발견한 미국의 학자가 있었습니다.

그는 매우 흥미를 가지고 사람의 경우를 조사해 보았습니다. 그러자 80%의 엄마가 아기를 왼쪽 팔로 안고 있었습니다. 왼손잡이 엄마라도 그 비율은 거의 변함이 없었습니다.

왜 그럴까요. 왼쪽 팔로 아기를 안으면 바로 아기의 귀가 엄마의 심장 위에 옵니다. 자궁 안에서 듣던 엄마의 심장소리를 듣는 것은 아기에게 큰 안심을 주는 것입니다.

엄마들은 왼쪽 팔로 아기를 안는 것을 누구에게도 배우지 않았을 것입니다. 본능대로 자연히 그렇게 하는 것입니다. 그러나 그것이 결과로써 아기의 발육에 가장 좋은 방법이었습니다.

엄마와는 깊은 정으로 연결되어 있어요

아기를 냉정하게 관찰하는 모자관계를 갖자

모성본능은 뛰어난 것이지만, 그것이 너무 강한 나머지 때때로 과보호, 너무 심하게 관여하게 되는 일이 있습니다.

이것은 아기의 몸뿐만 아니라 뇌의 발육에도 결코 좋은 것이 아닙니다.

한편 스킨십이 중요하다 하여 일방적으로 너무 귀여워하지 말라거나 너무 상관하지 말라는 것은 모순이라고 할지도 모릅니다.

그러나 스킨십이 필요한 것은 생후 6개월 정도까지로 아기가 기어가기 시작하여 밖의 세계로 발을 내미는 7개월 이후에는 오히려, 엄마는 심리적으로 아기를 떨어뜨리기 시작하는 것이 좋습니다.

9개월이 지나면 아기는 말을 기억하기 시작합니다.

비로소 동물에서 '인간'이 되어 개성이나 자아도 싹트기 시작하는 것이지요.

처음에는 엄마 이외의 사람을 의식하고 사람을 가리지만 점점 교류가 시작됩니다. 사회성과 동시에 지혜가 생기는 것이지요.

'어리광'이 확실히 시작되는 것도 이 시기로, 이것은 지혜가 생긴 것의 표현입니다.

이때에 엄마가 지금까지와 같이 아기의 요구를 모두 충족시켜 주면 어떻게 될까요.

어리광을 방임하게 되어 의존심이 강한, 비뚤어진 성격이 되기 쉽습니다. 심하게 꾸짖는 것도 필요합니다.

장난감을 주는 것도 아이 지능의 발육 단계를 보면서 그 왕성한 호기심을 충족시킬 것을 목적으로 할 것이며, 성인의 생각으로 '아이가 좋아하겠지' 하고 마음대로 정교한 장난감을 사주는 것은 역효과입니다.

귀여워하는 것을 그치고 아이를 냉정하게 관찰해 주십시오.

발육의 단계에 따른, 적절한 반응을 하는 것, 이것이 머리 좋은 아이를 키우는 최대의 비결입니다.

그리고 작은 실패는 신경 쓰지 말고, 초조해 하지 말고, 무리 없이 자연스러운 방법으로 키우는 것이 현명한 엄마의 방법입니다.

● 옮긴이 : 김이원

1975년 서울 출생.
건국대학교 사범대학 일어교육과 졸업.

머리가 좋은 아이는 태아 때 결정된다

(원제 : 頭のいい赤ちゃんができる本)

●

개정판 1쇄 발행 / 2014년 3월 20일

●

지은이 / 노즈에 겐이치, 이나가끼 다케시
옮긴이 / 김이원
펴낸이 / 김규현
펴낸곳 / 경성라인
주소 / 경기도 고양시 일산동구 백석동 1456−5
전화 / 031) 907−9702   FAX / 031) 907−9703
E-mail / kyungsungline@hanmail.net
등록 / 1994년 1월 15일(제311-1994- 000002호)

●

ISBN 978-89-5564-145-5 (13590)

●

정가 / 12,000원

자녀를 최상의 음악으로 안내하는 지침서!!!

좋은 음악이 총명한 아이를 만든다

샬린 하버마이어 지음 | 김은정 옮김
값 15,000원

음악을 통해 우리 아이의 정신이 고양되는 모습을 확인하십시오.

음악의 힘을 통해 우리 아이의 인생을 바꿀 수 있는 단순하면서도 실용적인 생각이 담겨 있습니다. 음악을 통하여 자녀의 지능이 올라간다는 사실을 아십니까?

최근 세계 유수의 대학에서 실시한 과학적인 연구를 보면, 어릴 때부터 클래식을 접한 아동들은 다른 아동들에 비하여 읽기 능력이 뛰어나고, 학력 테스트에서도 우수한 성적을 보인다는 사실을 알 수 있습니다.

저명한 교육학자 샬린 하버마이어는 부모님들이 누구나 쉽게 따라 할 수 있도록 간단하면서도 단계적인 포로그램을 이 책에서 제공하고 있습니다.

독자 여러분은 아이를 좋은 음악과 접하게 함으로써 다음과 같은 효과를 발견할 것입니다.

개정판 5월 출간 예정

- 언어발달 증가
- 수학 및 과학 실력 향상
- 신체적인 조화 증진
- 기억력 및 암기력 강화
- 학습 장애를 겪는 아동에게 유익
- 그 밖의 장점들!

"이 책은 학습에 있어서 음악이 왜 중요한지 밝히고 있으며, 자녀의 인생에 음악적인 영향을 끼치고 유지하는데 필요한 탁월한 제안을 부모들에게 제공한다."

— 제임스 S. 캐터롤, UCLA 교육학과 교수 및 상상력 프로젝트 공동 책임자

"부모와 교사 모두에게 뛰어난 참고서이다. 음악이나 아동의 전반적인 행복에 관심이 있는 사람이라면 이 책을 내려놓을 수 없을 것이다."

— 라이샤페이퍼트 레카리, 음악과 뇌 회장